ダイエットをめぐる生物学

斎藤 徹 編著
by Toru R. Saito

アドスリー

はじめに

新約聖書の「ルカによる福音書」には次のような聖句があります。
「今飢えている人々は、幸いである。あなたがたは満たされる。今満腹している人々、あなたがたは、不幸である。あなたがたは飢えるようになる」

ヒトを含め、動物は、食べることが生存、そして生殖の基盤となります。動物は、例外なく、生きるために外界から食物を取り入れて、身体の再構築とエネルギーの産生を行っています。このことが、動物は『従属栄養生物』と言われるゆえんです。食物の獲得、処理、そして消費するためにとる一連の行動を『摂食行動』と言いますが、いわゆる『食生活』のことです。

私たちの食生活は、旧石器時代は、マンモスやナウマンゾウなどの大型動物を狩猟したり、魚を捕ったりして食料を得て、洞窟や岩陰に住んでの移動生活でした。新石器時代は、大型動物の絶滅により、狩猟の対象は小型動物となりましたが、これに農耕と牧畜が加わることによって定住生活をするようになりました。

このように食料の供給が不安定な厳しい自然環境での食生活から、長い年月をかけて、今日の飽食、高カロリー食、美食の時代を迎えました。このことは、私たちにとって大変に喜ばしいことで、食欲に満足感をもたらし、快感を味わうことになりました。しかしその反面、肥満という問題を抱え、苦悩することになりました。肥満は糖尿病や心臓病などの合併症をもたらすなど、健康へ悪影響を及ぼすことがあります。

肥満は、食べすぎや運動不足などになりやすい環境で生活するときに生じます。一方、肥満は遺伝するとも言われています。事実「太りやすい遺伝子」や「痩せにくい遺伝子」の存在が明らかになってきています。

本書では「ダイエット=食生活あるいは摂食行動」

ザリガニパーティ　セーデルステイン教授（中央）宅にて

に関する調査資料や実験データを中心に、生物学的な側面から「エネルギー収支バランスの調節機構」についてのやさしい解説を試みました。生命科学を学ぶ方々にはもちろん、保健看護学、栄養学、調理学などを学ぶ方々、健康食品や美容にかかわる現場の方々にも役立てていただけるように内容の充実化を図りました。

本書は、ヒトの側面から、そして動物の側面から食生活について見ていく、2部構成としました。皆様が興味あるところから、どこからでも読み始めていただいて結構です。食生活の大切さを再認識していただければ幸いです。

最後に、本執筆にあたり、調査資料などを提供していただいた、浅野動物病院（福岡県糸島市）院長・浅野潤三博士ならびに東京食糧専門学校講師・芹澤奈保管理栄養士に御礼申し上げます。

本書の企画から編集の細部にわたりお世話になりました株式会社アドスリー代表取締役・横田節子氏、石井宏幸氏に感謝します。

２０１６年霜月

斎藤　徹

目次

第2章　血液・尿検査値に見るダイエット……48

第1部

ヒトのダイエットを医学する

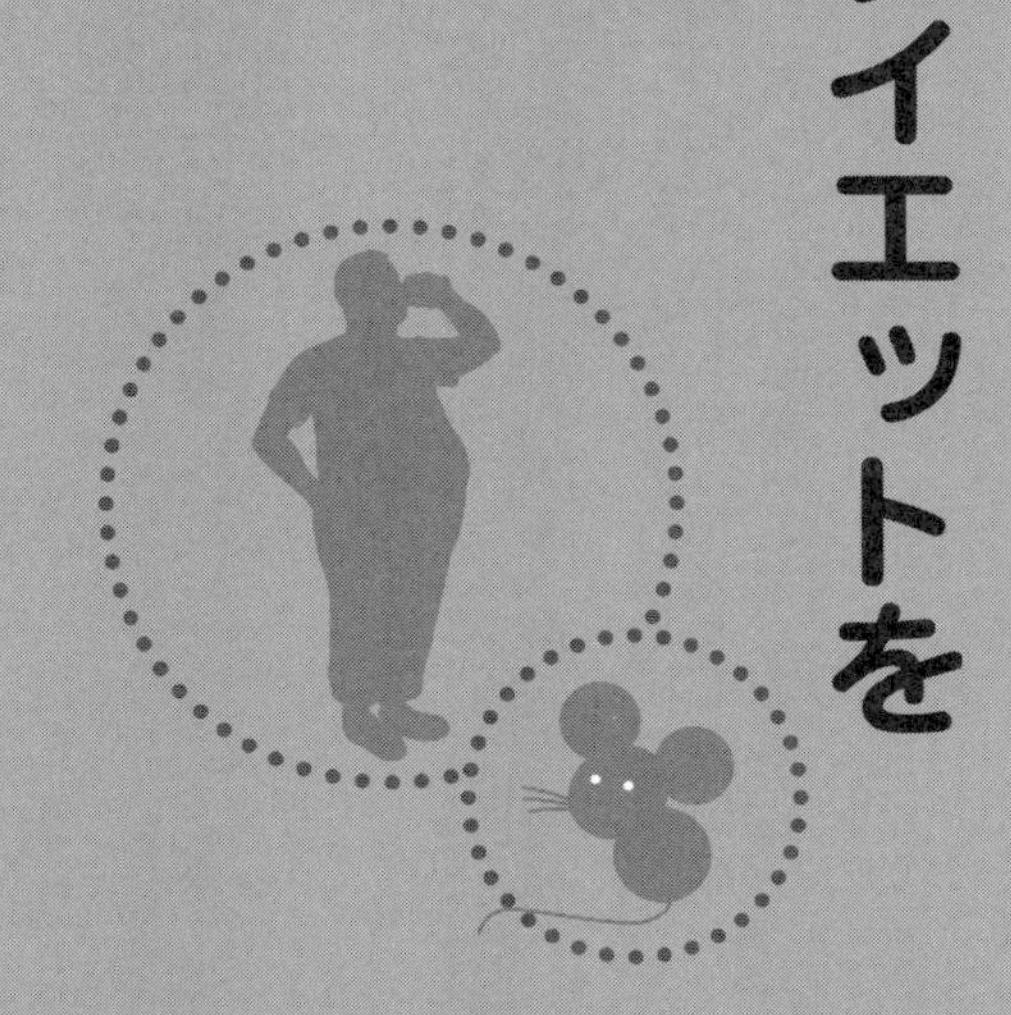

鈴木 光行
東京栄養食糧専門学校

第1章 健康に見るダイエット

はじめに

みなさんは、なぜ食事を摂るのでしょうか?

私たちが食事を摂る目的は大きく分けて3つあると考えられています。

ひとつは、生命維持に必要なエネルギーや栄養素を食品から摂取するためです。私たちは、生まれてから天命を全うするまで、「食」にかかわって生きています。繰り返される日々のなかで、食事を摂り、生命を維持してきました。

ふたつ目は、嗜好を満たすためです。食事を摂ることが生きていくために必要なだけの行為であれば、生命維持に必要な栄養素が含まれた決まった内容の食事を摂り続ければよいでしょう。しかし、毎日、毎回、同じ食事を摂ることを想像すると、暗然としてしまいます。ヒトは母乳やミルクで育ち、その後、社会性を身につけると、自分で食べ物を選択し始めます。好みの食事を終えた後の満足感は、誰にでも経験があると思います。食事は、私たちに満足感を与えてくれます。嗜好は、それぞれ個々人で異なる趣味、ここでは食べ物の好みという意味です。嗜好品は、主食、主菜、副菜以外の好きな飲食物のことで、食後のデザートやコーヒーといったところでしょう。

そして3つ目は、コミュニケーションをとるためです。食事は、私たちの人間関係を豊かにする作用を持っています。家族や友人、同僚などと、食事をともにしながら会話を交わし、より関係を深めています。たとえば、子どもの頃の誕生日ケーキ、運動会のお弁当、クリスマスのチキンや、親戚と迎えるお正月の御節料理、友人と夏祭りで食べるかき氷など、挙げればきりがないくらい、思い出とともに食事があります。食事は幸福感ももたらします。

現代生活において、生命維持の目的のみを考えるならば、サプリメントや、薬剤などで栄養素を身体に取り込むことは容易でしょう。しかし、みなさんは、食事のまったくない生活を想像できますか？　私たちは、「食べること」とともに生き、「食べること」に支えられているのです。

ダイエット＝体重を減らすこと？

ダイエットと聞くと、体重を減らすことを目的とした食事や運動をイメージするのではないでしょうか？　たしかに、日本においては「体重を減らすことを目的とする食事や運動」などを総じて、ダイエットと表現する傾向が強いように思われます。

しかし本来、ダイエット（Diet）（不可算名詞の場合）とは、日常の飲食物という意味です。日常の飲食物という表現には、なかなか馴染みがありませんが、食生活や食習慣に近い意味と捉えると理解しやすいでしょう。

英語では、「ダイエットしている」ことを「I'm on a diet.」と表現します。この場合、英語圏の人々は、「適切な食事コントロールで減量を試みている」というニュアンスで受け取ることが多いそうです。ここでは、ダイエット＝「食生活」と定義します。

そこで、「体重」について少しお話しします。

「体重」という言葉は、日常会話で頻繁に用いられていますが、その言葉の意味についてじっくりと考える機会はそれほど多くはなかったと思います。

健常成人男性　healthy male

水分	脂肪	骨	タンパク質など
60%	15%	8%	17%

健常成人女性　healthy female

水分	脂肪	骨	タンパク質など
50%	30%	7%	13%

図1　人体の構成物質の割合

図１　人体の構成物質の割合
（からだと水の事典、浅倉書店、2008年）

体重は文字通り、身体の重さです。ヒトの体重を示す場合、単位はキログラム（kg）であることがほとんどです。

少し難しく体重を表現すると、体内の全分子にはたらく重力作用の合力と説明できます。人体は約60兆個もの細胞から構成されています。これが細胞から組織へ、組織から器官へ、そして器官から器官系を経てさらに、器官系から個体へと統合することで生体となります。ここでは、人体の構成を組織に分けて考えたいと思います。図1に示すように、成人男性では、体重の60パーセントが水分で、15パーセントが脂肪、8パーセントが骨で、17パーセントがタンパク質などの固形物質です。一方、成人女性では水分の占める割合は、体重の50パーセント程度と、成人男性に比較して少なくなっています。その差異は、水分含量の低い脂肪組織が男性より女性に多いためであると考えられています。したがって、ヒトの身体の重さの半分は、水分であると言えます。なお、身体の水分量はライフステージ（人の一生を幼児期、少年期、青年期などの年齢層で分類すること）で異なっています。乳幼児期の体重当たりの水分量は約70パーセント、学童期には約60パーセントとなり、高齢期には55パーセント程度になると言われています。

体重の推移を見る場合には、同じ条件の下で測定されることが重要です。同じ条件とは、たとえば、ある人が起床し、排泄後、朝食前に裸で体重測定を行うと決めた場合、毎回、排泄後、朝食前に裸で体重測定を行うということです。

なぜ同じ条件でなければならないのでしょうか？　私たちの身体は摂食や排泄などで1日に1キログラム前後、変動するからです。食前や食後、着衣や着脱など、異なる条件で体重を測定していると、正しい体重の推移を知ることはできません。

BMIってなんだろう？ ―体重・徐脂肪体重・標準体重―

体重は英語では「Body mass」です。ここでは、体重という言葉の頭に○○とつく

いくつかの言葉について簡単にお話しします。

「Lean body mass（LBM）」は何を意味する言葉でしょうか？　これは『除脂肪体重』の英語表記です。除脂肪体重とは、体重から脂肪組織の重量を除いた重さのことと定義されています。ここでひとつ疑問が生じました。ヒトが生きた状態で、どのようにして脂肪組織のみの重さを量るのでしょうか？

ＬＢＭの計算に必要な体脂肪量は、脂肪組織に均等に分布している物質の利用で測定可能です。すなわち、水中体重秤量法によって得られた体比重から求めることができます。市販の体重計でも、身体の電気抵抗を測定して体脂肪率を推定する方法や、皮脂厚計（キャリパー）により上腕後部や肩甲骨下部を測定し、計算で体密度を求め、体脂肪率を算出する方法もあります。

次に「ＳＢＷ」は何を意味する略語でしょうか？　これは『標準体重』を意味しています。標準体重は「Standard body weight（SBW）」と英語表記されます。標準体重という言葉は、どこかで耳にしたことがあると思います。標準体重は、「Body mass index（BMI）」が使われることが多いですが、ＢＭＩは正確には『体格指数』のことを言います。

ヒトにおけるエネルギーの収支バランスは、「エネルギー摂取量＝エネルギー消費量」とされており、成人では、その結果が体重の変化と体格（ＢＭＩ）であると「日本人の食事摂取基準　２０１５年版」に定義されています。

成人で、エネルギー摂取量とエネルギー消費量が等しいとき、体重変化はなく健康的な体格が保たれると言われています。[1] また、ＢＭＩを用いて肥満などの判定を行うことができます。

ＢＭＩ＝体重（kg）÷身長（m）×身長（m）

で求めた値から、低体重、普通体重、肥満を判定するのです。

ＢＭＩ＝22であるときの体重が理想体重とされるのは、有病率が最少になる、つまり、日本では、この値（ＢＭＩ＝22）が最も病気になりにくいと考えられているからです。

日本肥満学会が定めた基準値では、ＢＭＩの値が18・５未満を「低体重（痩せ）」、18・5以上25未満を「普通体重」、25以上を「肥満」とし、さらに肥満の度合によって「肥満1度」「肥満2度」「肥満3度」「肥満4度」と、分類しています。世界保健機関（W

表1　肥満の程度によるわが国とWHO基準の比較

BMI値	日本肥満学会基準	WHO基準
BMI＜ 18.5	低体重	Underweight
18.5 ≦BMI＜ 25.0	普通体重	Normal range
25.0 ≦BMI＜ 30.0	肥満（1度）	Preobese
30.0 ≦BMI＜ 35.0	肥満（2度）	Obese Ⅰ
35.0 ≦BMI＜ 40.0	肥満（3度）	Obese Ⅱ
40.0 ≦BMI＜	肥満（4度）	Obese Ⅲ

（松澤祐次ほか、2000年）

HO）の診断基準ではBMIの値が30以上を肥満と判定し、25以上30未満であれば、過体重と判断され、肥満ではありません（表1）[1]。

日本肥満学会が定めた基準値と、WHOの診断基準との間の「ずれ」が意味することは、重要だと言われています。30歳以上の日本の成人15万人を対象にしたコホート研究（コホートとは特定の集団のことを言う。コホート研究は、ある集団内で、疾患や健康に関する事象の経過を長期的に追跡して発生原因や変動する様子を明らかにする学問のこと）の結果で、BMIの値が25～28の1度の肥満群でも、耐糖能異常、2型糖尿病や高血圧、脂質異常症などを発症する危険率は正常の体重群の2倍にもなることがわかりました[2]。

ＷＨＯの診断基準で見れば、過体重で、肥満ではないと判断される人も、日本肥満学会が定めた基準で見ると、生活習慣病に罹患するリスクは、正常体重に比較して2倍になる可能性があると言われています。

それでは、実際に自分のＢＭＩを計算して表1を参考に判定してみましょう。

自分のＢＭＩを算出してみよう！

ＢＭＩ＝体重（　　）kg÷｛身長（　　）m×身長（　　）m｝

「痩せ」ってどういう意味？

私たちは「あの人って、痩せているね」とか「あの女優さんは、痩せていて羨ましいなぁ……」というように、「痩せ」という言葉をよく口にします。

しかし、「痩せ」の意味を理解して使っている人は、どれほどいるでしょうか？

「痩せ」とは、「体重が年齢、性、身長から判断して標準体重より10～20パーセント以上少なく、異常に体脂肪量と除脂肪体重が減少した状態」のことを指します。

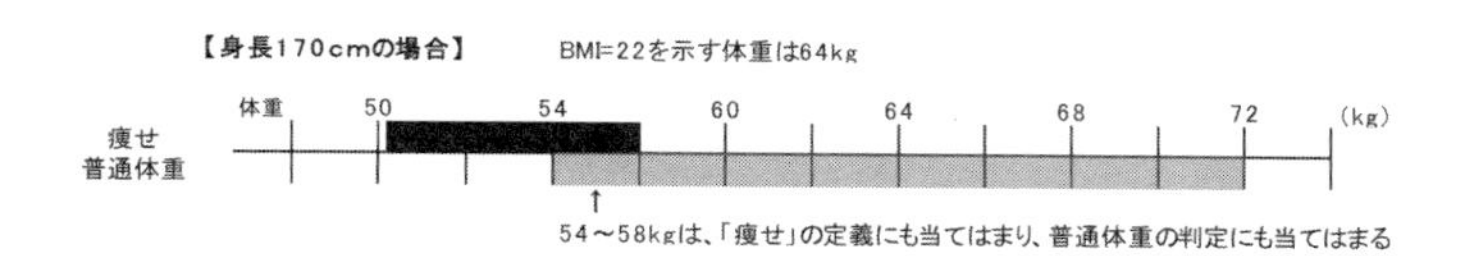

図２　痩せと普通体重の基準が重なる例

たとえば身長170センチメートルの人を対象にした場合、「痩せ」とは具体的にどの程度の体重のことを指しているのか考えてみます。ここでの標準体重は、先に述べたBMI＝22となる値とします。この場合の体重は64（63・58）キログラムとなります。64キログラムより10～20パーセント以上体重が少ないということは、おおよそ51～58（51・2～57・6）キログラムである人を「痩せ」と判断できるということです。しかし、身長170センチメートルで54～58キログラムの場合では、「痩せ」ではありますが、この数字をBMI算出式に代入し、日本肥満学会が定めたBMIの基準値で判定すると「普通体重」でもあるのです（図2）。

「痩せたい」と願っている方は、日本肥満学会が定めたBMIの基準値の「普通体重」を目指してくだ

表2　参照体位（参照身長、参照体重）

性別	男性		女性	
年齢	参照身長（cm）	参照体重（kg）	参照身長（cm）	参照体重（kg）
0～5（月）	61.5	6.3	60.1	5.9
6～11（月）	71.6	8.8	70.2	8.1
6～8（月）	69.8	8.4	68.3	7.8
9～11（月）	73.2	9.1	71.9	8.4
1～2（歳）	85.8	11.5	84.6	11.0
3～5（歳）	103.6	16.5	103.2	16.1
6～7（歳）	119.5	2.2	118.3	21.9
8～9（歳）	130.4	28.0	130.4	27.4
10～11（歳）	142	35.6	144.0	36.3
12～14（歳）	160.5	49.0	155.1	47.5
15～17（歳）	170.1	59.7	137.7	51.9
18～29（歳）	170.3	63.2	158.0	50.5
30～49（歳）	170.7	68.5	158.0	53.1
50～69（歳）	166.6	65.3	153.5	53.0
70以上（歳）	160.8	60.0	148.0	49.5

（日本人の食事摂取基準　2015年版）

さい。

先ほど、計算した標準体重（BMI＝22）には、性差がないことに気づいたでしょうか？

BMIに性差がない理由は、約4千5百人の日本人の男女のBMIと疾患数を検討した結果、男性、女性ともにBMIが22の場合に有病率が最小になることから、これに相当する体重を理想体重としたからです。[3]

一方、性差によって分けられている『参照体位』というものも存在します。参照体位は、従来の日本人の食事摂取基準で、基準体重と表現されていました。しかし、基準体重は望ましい体位ということではなく、日本人の平均的な体位であることから、参照体位とよび方が変わりました。参照する体位（身長・体重）は、性や年齢に応じ、日本人として平均的な体位を持った人を想定し、「日本人の食事摂取基準　２０１５年版」の策定において、健全な発育や健康の保持増進、生活習慣病の予防を考える上での参照値として提示されています（表２）[1]。

表２の０～17歳の値は、日本小児内分泌学会および日本成長学会合同標準値委員会による小児の体格評価に用いる身長、体重の標準値を基に、年齢区分に応じて、当該月齢ならびに年齢階級の中央時点における中央値が引用されています。ただし、公表数値が年齢区分と合致しない場合は、同様の方法で算出した値が用いられており、18歳以上は、平成22年、23年国民健康・栄養調査における当該の性および年齢階級における身長・体重の中央値が用いられています[1]。

体重が減れば、痩せたことになるのか？

先日、電車内で男性ふたりの、次のような会話を耳にしました。

男性A「先日、温泉に行って、久しぶりにサウナにも入ったよ。いや～、気持ちがよかったよ。それでね、温泉に入る前と入った後で、2キロも体重が減っていてね、一石二鳥だよ！　痩せた分、ビールをたらふく飲んだよ」
男性B「いいですね、サウナ。私も好きで、よく行きます。結構、体重落ちますよね」

体重計に表示される数値が減ることは、痩せたことになるのでしょうか?

ヒトを構成する物質の話で、ヒトの構成物質の50～60パーセントは水分であると述べました。おそらく60～90分の入浴であったのではないでしょうか。そのような短時間で数字に表れるほどの体脂肪量が減少することはまれですので、おそらく男性Aさんのマイナス2キログラムは体の水分量（体液量）が減少したことによるものと考えられます。

体液量が減少、あるいは欠乏した病態には、脱水症という用語が慣習的に使われます。体液量の欠乏は軽度、中程度、高度の3段階に分けられています。

軽度では、最初に口渇が生じ、体液量の減少が明らかに認められます。さらに、尿量も減少している場合があります。このレベルの水分欠乏量は通常体重の2パーセント程度に相当すると言われています。

中程度では、口渇感は増強し、体重の減少は著しく、尿量は乏尿へと進みます。このレベルの水分欠乏量は通常体重の6パーセント程度に相当すると言われています。

高度では、相当な重症感があり、死に至ることもあります。全身衰弱は著しく、体温の上昇も確認されます。高度の欠乏と判定される場合には、症状に神経や精神状態の錯乱や混乱、興奮状態や、幻覚症状が認められます。このレベルの水分欠乏量は、通常体重の7〜14パーセント程度に相当すると言われています。

したがって、先ほどの会話での男性Aさんは、軽度の脱水症であった可能性が考えられます。

体重は、私たちの健康のバロメーターとして、容易に自分の体調を管理できる指標のひとつですが、身体を構成する全物質の重さであることをしっかりと認識する必要が求められます。健康の増進を目的とした減量に励むことは間違いではありません。しかし、本来の目的を見失い、体重計に表示される数値にばかり囚われてはいけません。一方で、私たちが「痩せる」ことを実感させるのも、体重計です。体重計とは、上手くつきあうことが大切です。

私たちが望む「痩せる」とは、体脂肪量が減ることであるため、「痩せる」＝「脂肪組織量の減少」と定義したいと思います。

『脂肪組織量』を減少するためには、『食事療法』と『運動療法』の2本柱が大切です。

食事療法の基本的な考え方は、摂取エネルギーを消費エネルギーより少なくすることです。脂肪組織量1グラムは約7キロカロリー（kcal）の熱源を有しています。理論上、脂肪組織量1キログラムの減少を目指す場合、摂取エネルギーを消費エネルギーより、7千キロカロリー少なくする必要があります。1か月で脂肪組織を1キログラム減らす目標を立てた場合、摂取エネルギーを消費エネルギーより1日当たり、約230キロカロリー少なくすると、その目標が達成されます。ちなみに、食品のエネルギー量は、商品パッケージの側面や裏側に表示されていることが多いので、その数字を参考にしてください（表3）。

運動療法の基本的な考え方は、有酸素運動が原則とされています。運動することで、私たちの脂肪組織の中性脂肪（TG）は分解され、遊離脂肪酸（FFA）が産生されます。FFAは筋肉においてβ酸化を経て、アセチルCoA（アセチル補酵素A）でTCA回路の入口にある重要な酵素の仲間）となりクエン酸回路（TCA回路）で代謝されます。また、部分的な筋肉を使用するより、全身の筋肉を使用した運動が望ましいとされ

表3　食品のエネルギー目安

食品	エネルギー (kcal)	備考
ご飯茶わん　1杯	252	150 g
食パン　6枚切り 1枚	158	60g/枚
ゆでうどん　1玉	263	250g/玉
和風スタイル即席カップ麺	451	100g
フライドポテト	388	100g
あんぱん　1個	280	100g/個
サイダー　1缶	140	350ml/本
ビール 1缶	140	350ml/本

（五訂増補日本食品標準成分表文部科学省科学技術・学術審議会・資源調査分科会　報告）

ています。なぜならば、運動によるこれらの作用は、筋肉組織で促進されるためです。
すべての成人に推奨される有酸素運動として、ウォーキングやサイクリングが挙げられ、平均レベルの体力がある成人に推奨される有酸素運動として、ランニングやエアロビクス、水泳などが挙げられます。食事療法も運動療法も、無理は禁物であり、継続して行える内容でなければなりません。時間的、体力的、金銭的に制限がある場合なども考えられ、個人のライフスタイルに合わせた療法をとることが望ましいのです。

身体活動量を増やして健康の維持増進を図る

みなさんは『身体活動』という言葉を聞いたことがありますか?

身体活動とは、生活活動（家事・通学通勤など）と運動のことです。安静時以外のすべての動きを指します。

次に、この身体活動の強弱を知る基準、言い換えれば物差しが必要になってくることがすぐにおわかりいただけると思います。そこで、また新たな『メッツ』という言葉が登場します。

『メッツ（METs）』は身体活動の強さを表す単位で、安静時の消費エネルギーを1・0メッツとし、身体活動を行った場合に消費されるエネルギーが安静時の何倍であるかを表しています。たとえば、普通の歩行や犬との散歩の場合3・0メッツ、自転車に乗る場合3・5～6・8メッツ、あるいは速歩きの場合4・3～5・0メッツなどと決められています。この例では、身体活動の強弱と活動時間が深くかかわっていることが理解できます。つまり、身体活動に時間を乗じた値が派生します。それが『メッツ・時』

と言われる、身体活動量つまり身体活動の定量的な表現です。

厚生労働省から発表された「健康づくりのための身体活動指針2013」では、健診結果が基準値以内であれば、65歳以上の高齢者であっても、すべての世代で30分以上・週2回の運動習慣を持つことが推奨されています。さらに、健診結果が基準値以内の18〜64歳であれば、身体活動量の基準として「強度が3メッツ以上の身体活動を23メッツ・時／週行う。具体的には、歩行またはそれと同等以上の強度の身体活動を毎日60分行う」と示され、運動量の基準では「3メッツ以上の強度の運動を毎週60分（＝4メッツ・時／週）行うこと」をよびかけています。

また、生活習慣病患者等において身体活動（生活活動・運動）が不足している場合には、強度が3〜6メッツの運動を10メッツ・時／週行うことが望ましいとされています（表4）。

次に、具体的に表4を使った例を紹介します。

40歳代70キログラムのAさんが「犬との散歩(3・0メッツ)20分、自転車での通勤(3・5メッツ)20分、掃除（3・3メッツ）20分、ラジオ体操（4・0メッツ）10分」を毎日実行すると、強度が3メッツ以上の身体活動を毎日60分（＝23メッツ・時／週）、3メッ

表4　健康づくりのための身体活動指針（2013年概要）

血糖・血圧・脂質に関する状況		身体活動（＝生活活動＋運動）		運動		体力（うち全身持久力）
健診結果が基準範囲内	65歳以上	強度を問わず、身体活動を毎日40分（＝10メッツ・時／週）	世代共通の方向性 今より少しでも増やす（たとえば十分多く歩く等）	—	世代共通の方向性 運動習慣を持つようにする（30分以上の運動を週二日以上）	—
	18〜64歳	3メッツ以上の強度の身体活動[※1]を毎日60分（＝23メッツ・時／週） ※1:歩行またはそれと同等以上		3メッツ以上の強度の運動[※2]を毎週60分（＝4メッツ・時／週） ※2:息がはずみ汗をかく程度		性・年代別に示した強度での運動を約3分間継続可
	18歳未満	— 参考:幼児期運動指針「毎日60分以上楽しく体を動かすことが望ましい」		—		—
血糖・血圧・脂質のいずれかが保健指導レベルの者		医療機関にかかっておらず、「身体活動のリスクに関するスクリーニングシート」でリスクがないことを確認できれば、対象者が運動開始前・実施中に自ら体調管理ができるように支援したうえで、保健指導の一環としての保健指導を積極的に行う。				
リスク重複者または受診勧奨者		生活習慣病患者が積極的に運動をする際には、安全面での配慮が特に重要になるので、かかりつけの医師に相談する。				

（厚生労働省、健康づくりのための身体活動指針2013より）

ツ以上の強度の運動を毎週60分（＝4メッツ・時／週）の目標が達成されます（表5）。

さらに、身体活動の強さ（メッツ）からエネルギー消費量へ換算する方法もあります。身体活動量（メッツ・時）に体重（キログラム）を乗じるとエネルギー消費量（キロカロリー）に換算できます。

例1―体重60キログラムのヒトがジョギング（7.0メッツ）を30分行った場合のエネルギー消費量は、

7.0メッツ×0.5時間×60kg＝

210キロカロリー（kcal）

なお、脂肪組織量減少のために必要なエ

表5　Aさんの場合

<table>
<tr><th></th><th>犬の散歩</th><th>自転車通勤</th><th>掃除</th><th>ラジオ体操</th></tr>
<tr><td>強度（メッツ）</td><td>3.0メッツ</td><td>3.5メッツ</td><td>3.3メッツ</td><td>4.0メッツ</td></tr>
<tr><td>運動時間</td><td>20分</td><td>20分</td><td>20分</td><td>10分</td></tr>
<tr><td>運動量
（メッツ・時）</td><td>1メッツ・時</td><td>1.2メッツ・時</td><td>1.1メッツ・時</td><td>0.7メッツ・時</td></tr>
<tr><td>1週間の
運動量</td><td>7メッツ・時</td><td>8.4メッツ・時</td><td>7.7メッツ・時</td><td rowspan="2">4.9メッツ・時</td></tr>
<tr><td>合計</td><td colspan="3">23.1メッツ・時/週</td></tr>
</table>

（健康づくりのための身体活動基準2013）

ネルギー消費量を求める場合は、安静時のエネルギー消費量を引いた値を算出する必要があります。

前述の例を用いると、次のように計算することができます。

例2—

（7・0メッツ−1・0メッツ）×0.5時間×60kg＝キロカロリー（kcal）

先ほどのAさん（40歳代、70キログラム）が1か月で1キログラムの体脂肪量の減少を目標にし、消費エネルギー量−摂取エネルギー量＝約7千キロカロリー/月となるよう1日に約230キロカロリー分のランニング（139m/分、9・0メッツ）

の実行を決めたとします。Aさんは、毎日何分ランニングを行えばよいでしょうか?

この場合には、例2のように安静時のエネルギー量を引いて求めます。

(9・0メッツ−1・0メッツ)×□□時間×70kg=230キロカロリー(kcal)


右の式から、Aさんはおおよそ25分/日のランニング(139m/分)によって、1か月で1キログラム分の体脂肪量減少が見込まれます。

ここでは、わかりやすいように運動のみで、エネルギー消費量の目標を算出しましたが、健康的に体脂肪量を減少するためには、「食事」と「運動」を組み合わせてエネルギーコントロールすることが大切です。

また、運動を行う上で、無理は禁物です。自分の身体と相談しながら、心地よいと感じる程度に行うようにしてください。思わぬケガや事故につながらぬよう、注意が必要です。

次の項に、いろいろなメッツを示した「健康づくりのための身体活動基準2013の参考資料」を載せましたので、そちらも参考にし、健康的な運動を心掛けましょう(表6)。

表6　その他のメッツ表

生活活動のメッツ表

3メッツ以上の生活活動の例	
3.0	普通歩行（平地、67m/分、犬を連れて）、電動アシスト付き自転車に乗る、家財道具の片付け、子どもの世話（立位）、台所の手伝い、大工仕事、梱包、ギター演奏（立位）
3.3	カーペット掃き、フロア掃き、掃除機、電気関係の仕事：配線工事、身体の動きを伴うスポーツ観戦
3.5	歩行（平地、75～85m/分、ほどほどの速さ、散歩など）、楽に自転車に乗る(8.9km/時)、階段を下りる、軽い荷物運び、車の荷物の積み下ろし、荷づくり、モップがけ、床磨き、風呂掃除、庭の草むしり、子どもと遊ぶ（歩く/走る、中強度）、車椅子を押す、釣り（全般）、スクーター（原付）・オートバイの運転
4.0	自転車に乗る（≒16km/時未満、通勤）、階段を上る（ゆっくり）、動物と遊ぶ（歩く/走る、中強度）、高齢者や障がい者の介護(身支度、風呂、ベッドの乗り降り)、屋根の雪下ろし
4.3	やや速歩（平地、やや速めに＝93m/分）、苗木の植栽、農作業（家畜に餌を与える）
4.5	耕作、家の修繕
5.0	かなり速歩（平地、速く=107m/分））、動物と遊ぶ（歩く/走る、活発に）
5.5	シャベルで土や泥をすくう
5.8	子どもと遊ぶ（歩く/走る、活発に）、家具・家財道具の移動・運搬
6.0	スコップで雪かきをする
7.8	農作業（干し草をまとめる、納屋の掃除）
8.0	運搬（重い荷物）
8.3	荷物を上の階へ運ぶ
8.8	階段を上る（速く）
3メッツ未満の生活活動の例	
1.8	立位(会話、電話、読書)、皿洗い
2.0	ゆっくりした歩行（平地、非常に遅い＝53m/分未満、散歩または家の中）、料理や食材の準備（立位、座位）、洗濯、子どもを抱えながら立つ、洗車・ワックスがけ
2.2	子どもと遊ぶ（座位、軽度）
2.3	ガーデニング（コンテナを使用する）、動物の世話、ピアノの演奏
2.5	植物への水やり、子どもの世話、仕立て作業
2.8	ゆっくりした歩行（平地、遅い=53m/分）、子ども・動物と遊ぶ（立位、軽度）

（健康づくりのための身体活動基準2013）

運動のメッツ表

3メッツ以上の運動の例	
3.0	ボウリング、バレーボール、社交ダンス（ワルツ、サンバ、タンゴ）、ピラティス、太極拳
3.5	自転車エルゴメーター(30～50ワット)、自体重を使った軽い筋力トレーニング（軽・中等度）、体操（家で、軽・中等度）、ゴルフ（手引きカートを使って）、カヌー
3.8	全身を使ったテレビゲーム（スポーツ・ダンス）
4.0	卓球、パワーヨガ、ラジオ体操第1
4.3	やや速歩(平地、やや速めに=93m/分)、ゴルフ(クラブを担いで運ぶ)
4.5	テニス（ダブルス）＊、水中歩行（中等度）、ラジオ体操第2
4.8	水泳（ゆっくりとした背泳）
5.0	かなり速歩（平地、速く=107m/分)、野球、ソフトボール、サーフィン、バレエ（モダン、ジャズ）
5.3	水泳（ゆっくりとした平泳ぎ）、スキー、アクアビクス
5.5	バドミントン
6.0	ゆっくりとしたジョギング、ウェイトトレーニング（高強度、パワーリフティング、ボディビル)、バスケットボール、水泳（のんびり泳ぐ）
6.5	山を登る（0～4.1kgの荷物を持って）
6.8	自転車エルゴメーター（90～100ワット）
7.0	ジョギング、サッカー、スキー、スケート、ハンドボール＊
7.3	エアロビクス、テニス（シングルス）＊、山を登る（約4.5～9.0kgの荷物を持って）
8.0	サイクリング（約20km/時）
8.3	ランニング（134m/分)、水泳（クロール、ふつうの速さ、46m/分未満)、ラグビー＊
9.0	ランニング（139m/分）
9.8	ランニング（161m/分）
10.0	水泳（クロール、速い、69m/分）
10.3	武道・武術（柔道、柔術、空手、キックボクシング、テコンドー）
11.0	ランニング（188m/分)、自転車エルゴメーター（161～200ワット）
3メッツ未満の運動の例	
2.3	ストレッチング、全身を使ったテレビゲーム（バランス運動、ヨガ）
2.5	ヨガ、ビリヤード
2.8	座って行うラジオ体操

（健康づくりのための身体活動基準2013）

痩せすぎているとモデルになれない!?

２０１５年4月、ファッションの都・パリに衝撃が走りました。フランス国民議会（フランス下院）は、痩せすぎているモデルの活動を禁止する法案を可決したのです。さらに、そのようなモデルを雇用した場合、その業者には最大7万5千ユーロの罰金や、6か月以下の禁固刑が科されるというのです。また、拒食症の容認も違法とし、商業目的の写真上などでの意図的な身体への修正を行った場合は、注記が義務づけられました。

法案では、「ＢＭＩが一定基準以下の場合は、ランウェイモデルとして働けない」と定められているそうです。

フランスでは、10代を中心とした拒食症患者の増加が問題になっているそうで、この法案の可決には、拒食症対策の意味もあるようです。一方で、この法案に反対するデザイナーやモデル事務所も少なくはないようです。

日本でも、20代女性の痩せ願望が問題視されています。２０１４年12月に厚生労働省が公表した２０１３年の国民健康・栄養調査（図3）において、ＢＭＩが18・5未満（低体重）の成人女性の割合は12・３パーセントでした。これは、１９８０年から開始され

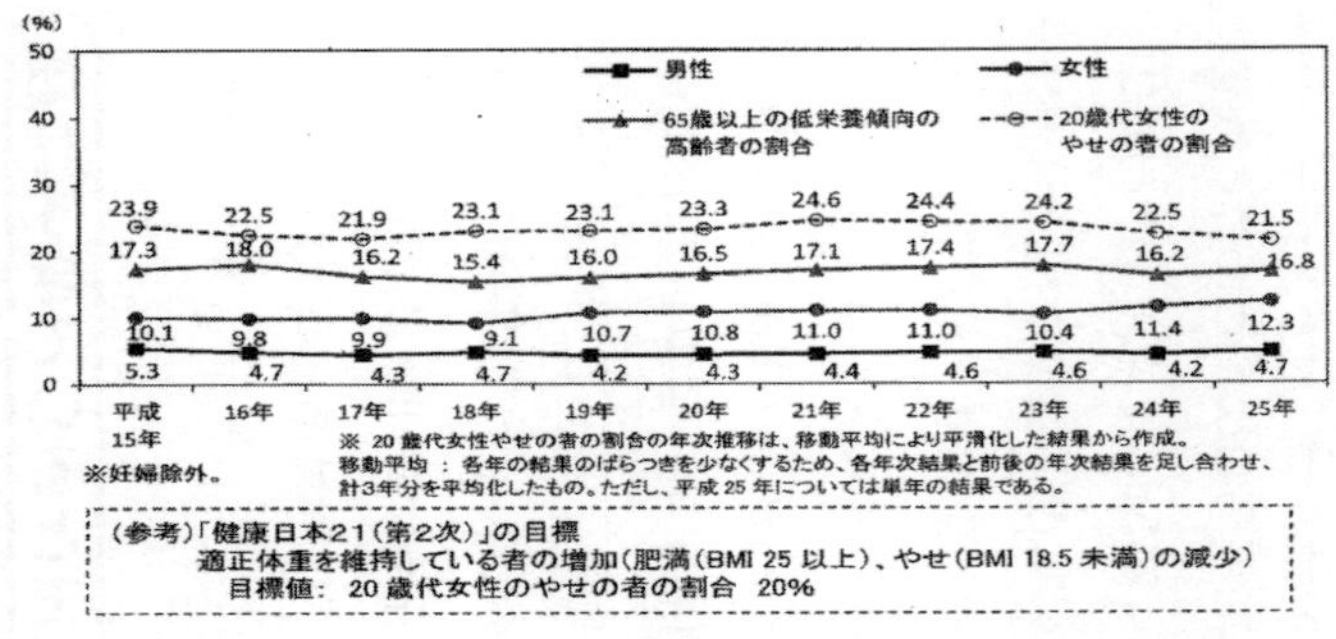

図3 痩せの者および低栄養傾向の者の割合の年次推移
（20歳以上、平成15～25年）

た国民健康・栄養調査以降、最も高い値なのです。
さらに、年代別で見ても、20代女性のＢＭＩが18・5未満（低体重）の割合は21・5パーセントと、他の年代に比較して高い値となりました。

なぜこれほどまでに、痩せ願望が拡大したのでしょうか？ そして、なぜ20歳代女性の痩せが問題視されるのでしょうか？

痩せ願望が拡大した背景には、テレビや雑誌、インターネットなどのメディアの影響が大きいと指摘されているそうです。「痩せていることは美しさである」がメジャーな昨今では、タレントやモデルが各々のＳＮＳに、私服や日常生活の一部の写真をアップすると、コメント欄には、服装やその日常を絶賛するだけでなく、体型を賞賛する言葉が多く見られます。また、それらをネット上にアップする側も、体型を褒められたい、認められたいといった心情が垣間見える写真を次々に流しているようにも思えます。

最近では小学生が愛読するような本にも、痩せることを目的としたダイエットについて書かれている記事を見かけるようになりました。

確かに、痩せていてさまざまな服を素敵に着こなすモデルやタレントは、10〜20歳代の女性にとっては、憧れです。さらに、彼女たちのライフスタイルも、憧れなのです。痩せさえすれば、彼女たちと同じようなライフスタイルまでも手に入れられる気がするのかもしれません。

また、一説には1960年代、ミニスカートの女王と一世を風靡したツイギー(Twiggy)も「痩せていることは美しい」という価値観を一般化させたと言われているそうです。1960年代と言えば、高度成長期であり、戦後の急速な経済発展が認められた時代です。まさに「飽食」へと進み始めた頃でしょうか。痩せていることが、貧しさの象徴であった時代は終わり、痩せていることがスタイリッシュで美しく見え始めた時代だったのかもしれません。

10〜20歳代女性の痩せ願望が問題視される理由は、食事量の極端な低下を原因とした、さまざまな身体症状のあらわれです。摂取エネルギー量を消費エネルギーより極端に少なくする方法として、食事量の減少は取り組みやすいのです。

極端な食事制限による大幅な体重減少には、ホルモン分泌や体温、白血球数の低下などが認められます。女性の場合、性ホルモンの分泌が低下、あるいは不足すると、月経不順や無月経となり、不妊症などが発現する可能性があります。さらには、エネルギーや栄養の不足は、精神面にも影響を及ぼし、性格の変化としてあらわれることも指摘されているそうです。

したがって、成長期である10歳代前後で、体重減少を目指し、過度な食事制限を行った場合、身体に与える影響は計り知れないと考えられます。各器官が、成長・発達し、生命維持・活動にとって理想的な形態へと変化を遂げているにもかかわらず、それに必要な栄養素やエネルギーが不足しているのです。

痩せていると美しいのか？

――人体の美について、なにか普遍的な標準が人間の心のなかにあるということは、確かに真実ではない――　ダーウィン

私たちがヒトに対して美しいと表現するとき、そこにはさまざまな要素が含まれていることに気がつきます。

要素のいくつかに、髪や肌の質感や、顔面の各パーツの配置、所作や話し方などが挙げられます。それらに魅力を感じて、美しいと表現する場合もあるでしょう。痩せているから美しいのではなく、美しいと表現する条件のひとつにプロポーションを選択した場合、「痩せていると美しい」と思う人がいるのでしょう。

さらに時代や、国によって人の外見的美しさの条件は異なっています。そして、この外見的美しさは変化を続けてきました。

ヨーロッパでは、今から百年程前まで、ルノアールの絵画に代表されるような豊満な身体が女性美とされていました。また、中国では、春秋戦国時代から清王朝に至るまで、

すらりとしたからだが美しいとされていました。しかし、唐代に描かれた絵や壁画には、ふっくらとした体型の女性が多く見られ、ふくよかな体型が美しいとされていたことがうかがえるそうです。

さて、日本での美しさの変容はと言うと、源氏物語や紫式部に、ふくよかさを美しいと表現している描写が見られるようです。しかし、細いこともまた、美しいと描写されている部分もあることから、美しさの基準はひとつではなかったことがわかります。

これが、江戸時代では、現代のように、胸や臀部が豊かであることが、それほど求められておらず、身体のラインを出すよりも着衣で隠すことがエチケットとされていました。

明治時代になると、西洋的な女性のプロポーションに対して憧れの徴候があり、大正時代には、それは常識になったそうで、大正時代の日本絵画やポスターには、足の長く描かれている女性を観ることができます。

２０１５年、メーガン・トレイナー（Meghan Trainor）の「All About That Bass」という歌が、アメリカのみならず日本でも人気になりました。この歌は、「ぽっちゃり体型でもいいでしょ」と歌っています。この歌にも見られるように、現代では、さまざまな価値観が受け入れられており、自分をありのまま受け入れる考え方にシフトしているように思います。日本でも「ぽっちゃり」の方を対象としたファッション雑誌が2013年に創刊され、話題になりました。

私たちの骨格や体型はさまざまで、誰かと同じということはありません。異なる部分が個性であり、「自分」の体型は世界でひとつです。健康であるかぎり、自分の体型は自分の価値観で評価し、他者に評価される必要はありません。

また、海外には「Health and gaiety foster beauty. 健康と快活さが、美を育む」ということわざがあるそうです。「健康」を手に入れているからこそ、理想を実現できるのです。

つまり、「健康のその先に美しさはある」のです。健康の維持・増進が美しさへの最も近い道のりだと考えます。

身体に不必要な食品などない

健康を維持するには、いったい何をどのように食べたらよいのでしょうか?

それに対する私の答えはひとつです。「食べてはいけないものはありません。大切なのは、食べすぎないこと、摂取する食品が偏らないこと」です。

私たちの身体は、『水分』や『タンパク質』、『脂質』や『微量元素』(ミネラル)で構成されています。それらはすべて、私たちの口から摂取したものでつくられています。この本を持つあなたの指も、その先についている爪も、足の先から睫毛の先まで、すべて今まであなたが食べてきたものからつくられているのです。

水分の次に多い、身体の構成物質に、タンパク質と脂質が挙げられます。タンパク質は『アミノ酸』が鎖のようにつながっています。食事から肉類や魚介類、卵や豆類などのタンパク源を摂取した場合、胃や小腸で消化液により、タンパク質は一度、分子レベルのアミノ酸まで分解されます。それらは、胃から腸へ進み、小腸でおもに吸収され肝臓に運ばれます。さらにアミノ酸は血液によって運ばれながら、全身の隅々まで到達し、最終的に私たちの身体の一部になるか、代謝に用いられます。

食事の場面で、脂質が嫌われ者になる状況をしばしば見かけます。たとえば、ステーキの脂身や揚げものの衣が残されるという状況です。

脂質は、私たちにとって悪者なのでしょうか？ 摂取した脂質は必ずしもヒトの脂肪組織になるわけではなく、摂取した脂質量がそのままヒトの脂肪組織量になることもありません。

摂取した脂質は、小腸で吸収され肝臓へ運ばれます。脂質は体内で分解や生合成が行われ、エネルギー源になったり、生体膜の保護に利用されたりと、身体のなかでさまざまなはたらきをしています。

私たちの生命を維持するためには、エネルギーが重要です。その主たるエネルギー源は『糖質』です。

糖質は砂糖や果物だけでなく、精白米や小麦、イモ類などにも含まれています。したがって、食事のなかで「主食」とよばれるものが、私たちのエネルギー源の多くを占めています。摂取した糖質は消化され、単糖類となり小腸から吸収されます。それは、肝臓へと運ばれ、やがてグルコースへと変わります。肝臓のグルコースは体内のさまざまな物質の合成やエネルギー産生に使用されます。また、血糖値の維持にも用いられます。

さらに、筋肉組織にもグルコースは存在しエネルギー源となります。脂肪組織では、グルコースは脂肪となり、エネルギー源として存在します。

タンパク質や脂質、糖質以外にも、ミネラルやビタミンなど、私たちが生きていくために欠かせない栄養素は多く存在します。生命維持に欠かせない栄養素が、すべて含まれている食品は、残念ながらありません。

それゆえに、私たちはさまざまな食品を、食事から摂る必要があるのです。

おわりに

「健康」とは、身体に悪いところがなく心身がすこやかなことです。それぞれが思い描く理想体型の土台は、共通して「健康」であると、確信しています。

心身がすこやかであるために、「栄養」と「休養」、「運動」が大切です。このいずれかでも欠けてしまうと、健康の維持は難しくなります。

「休養」にも運動やアウトドアなどの積極的休養と、読書や映画鑑賞などの消極的休養があります。「栄養」や「運動」だけでなく、健康の維持・増進には自分に適した方法の選択肢が数多く存在しています。
情報過多と言われる昨今、私たちには、健康に関して正しい情報の選択と活用が求められています。正しい情報の選択には、前に述べた「栄養」と「休養」、「運動」の３本柱を念頭におくことがポイントです。

参考文献

1 菱田明ほか：日本人の食事摂取基準，4: 45-46, 2015.
2 吉田信男ほか：肥満研究，6: 4-17, 2000.
3 Matsuzawa Y, et al.: Diabetes Res Clin Pract., 10: S159-164, 1990.

参考図書

・伊藤正男ほか編：医学大辞典，医学書院，2003.
・小澤瀞司ほか編：標準生理学，医学書院，2009.
・佐々木成ほか編：からだと水の事典，朝倉書店，2008.
・日本肥満学会：肥満症治療ガイドライン，2006.
・吉川春寿編：総合栄養学事典，同文書院，1989.

・北岡建樹：水・電解質の知識，南山堂，2012.
・日本体力医学会体力科学編集委員会：運動処方の指針　運動負荷試験と運動プログラム，南江堂，2013.
・勝川史憲監修：特定検診・特定保健指導ハンドブック，財団法人健康・体力づくり事業財団，2008.
・厚生労働省：健康づくりのための身体活動指針，2013.
・日本生理人類学会編：カラダの百科事典，丸善出版，2009.
・張競：美女とは何か，角川書店，2007.
・灘本知憲ほか編：基礎栄養学，化学同人，2010.

第2章 血液・尿検査値に見るダイエット

はじめに

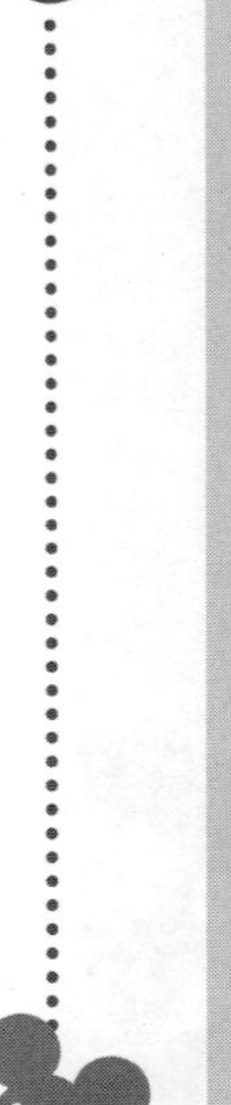

第2章では、『肥満』と『肥満症』について見ていきながら、多様化する現代社会の情報源から得られた、これらに関する数値の見方や捉え方など臨床検査（病院などで行うさまざまな検査）、とくに血液や尿検査を例に紹介します。

たとえば、体格を表す指標としてよく登場するBMIは、25以上が肥満とされていますが、果たして本当にこの数値、すなわち25を少しでも超えたらすぐに肥満ということになるのでしょうか？ また、肥満と肥満症の違いや、これらに関連する疾患には『高血圧』や『脂質異常症』『脂肪肝』などいくつか挙げられます。ここでは、とくに脂質や脂肪という、いわゆる「あぶら」の話題を取り上げることにします。

さらに、BMIが25未満でも肥満症とよばれる病気の話、正常値や基準範囲についてもいろいろな例を挙げて述べます。ここでの数値の取り扱いは、なかなか単純ではないことがおわかりいただけると思います。

具体的には、みなさんは病院や診療所などの医療機関で健康診断をはじめ、さまざまな目的で血液や尿などを採取し、それを検査してもらった経験があると思います。そして、医師からは、その検査結果を数値として教えられ、その検査結果が高いのか、そうではないのかを聞く機会が幾度もあると思いますが、そのときの「高い」とか「低い」などを判断する材料としての「基準値」という数値についてどのように考えたらいいのかを、筆者の体験などを交えながらいくつかの例を挙げて説明し、数値の見方や読み方についてお話しします。

健康診断で血液や尿を使う理由

健康診断でなぜ血液や尿を調べるのでしょうか？

健康診断などで血液や尿を検査するのは、その材料からさまざまな情報が得られるからです。採血された血液は、その目的に応じて血液学や生化学その他の分野に小分けして、それぞれを個別に分析しています。

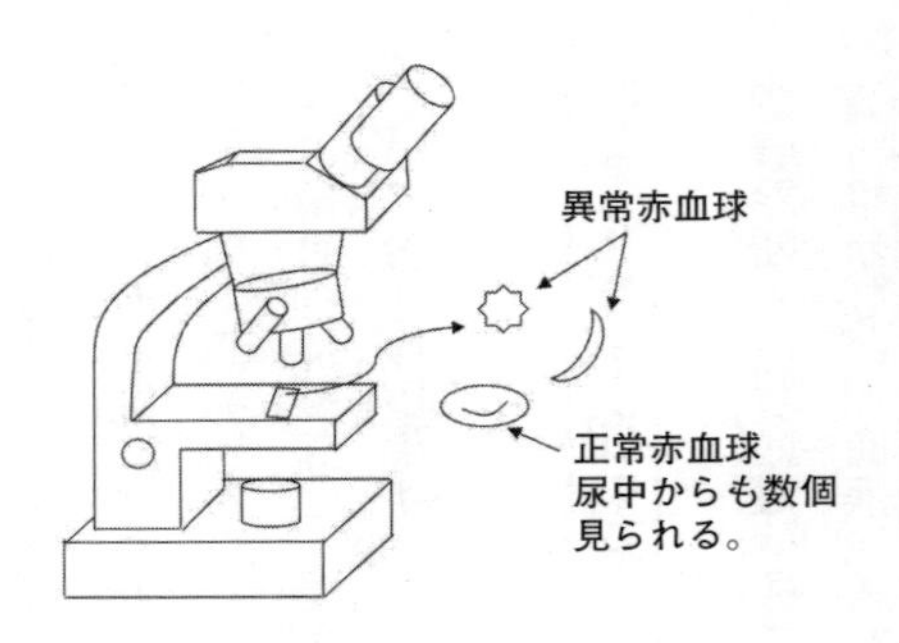

図1　血液や尿を顕微鏡で観察する検査のイメージ図

たとえば血液学では、専用の計数機で赤血球数を数えたり、顕微鏡を用いて赤血球や白血球の形態も種類ごとに分類し数えたりもします（図1、血液形態検査）。

尿を使った検査もいくつかあり、簡単なものでは数種類の検査薬がひとつの試験紙に独立して付着され、その試薬に尿を滴下して反応させて発色濃度で糖やビリルビンなどの量を判定する「尿試験紙法」、さらには尿を遠心分離器にかけて沈殿した細胞や結晶などの数、あるいはその種類を顕微鏡で観察しながら検査を行う方法もあります（図1、尿沈渣検査）。最近では、この分野においても自動分析装置が活躍しています。

生化学の分野での検査は、多くの場合、血液を遠心分離器で血清（血漿）とその他の細胞成分など比重の違いによって分けて、上澄み部分の血清（血漿）を分析します。しかし、遠心分離しないで血液そのものを使う場合もいくつかあり、血糖値がそのうちのひとつです。この血糖値測定の場合は専用の採血管（解糖阻止剤入り。グルコースは血球内に取り込まれ分解［解糖］されるため、採血後の時間経過とともに血糖値が低下する。それを阻止するためにフッ化ナトリウム［NaF］などの薬品＝解糖阻止剤が予め入っている採血管を使う）に分けることになります。

また、この分野で多く分析に利用される物質のうち、酵素の量を測定する理由は、生体における各臓器は複雑な化学反応を行っており、この各反応過程ではたらいているのが『酵素』（おもな酵素：乳酸脱水素酵素［Lactate Dehydrogenase、LDH］、アミラーゼ［Amylase、AMY］、クレアチンキナーゼ［Creatine Kinase、CK］、アルカリ性フォスファターゼ［Alkaline Phosphatase、ALP］、アスパラギン酸アミノトランスフェラーゼ［Asparatate Aminotransferase、AST］、アラニンアミノトランスフェラーゼ［Alanine Aminotrnansferase、ALT］）とよばれるタンパク質の仲間で、化学反応における触媒として作用しています。さらに同じ酵素でも、臓器によって含まれる濃度が異なっていたり、あるいは臓器特有の存在であったりします。したがって、ある臓器が何らかの原因で損傷を受けた場合、その臓器から酵素が染み出て血液中に流れ込んでいくので、その血液から余分な血球成分などを遠心分離して血清だけにしてから酵素の濃度を測定することで損傷臓器の種類とその程度を把握できるということです。

①血液細胞の形態観察

顕微鏡観察時における普通の赤血球の形は、中心部が窪んだ円盤状をしていますが、ときどき金平糖状、ウニ状、鎌状、球状など通常とは異なる形をしたものが見つかる場合もあります。いずれも赤血球としての十分なはたらきができません。ほかに白血球、リンパ球、血小板などの形や数も計測します。

②尿沈渣

尿では、遠心分離器にかけ上澄みを捨て沈んでいる細胞や各種結晶その他を観察して、通常認められる細胞の数が異常に多いとか、普通では見られない結晶などが発見されることがあります。

正常値から少しでも外れたら病気？

みなさんは、これまでに学校や職場で健康診断のための血液検査や尿検査などを経験したことがあると思います。そしてその結果の一覧を見て、すぐに気になる検査項目、たとえば血糖の数値が正常値以内か、あるいは正常値から外れたということに注目したことがあるでしょう。この正常値から外れたら異常、つまり即病気だと思いがちですが、実はこの考え方は正しくありません。そもそも、正常値という言葉そのものが古く、現在では『基準範囲』という考え方が主流です。

この基準範囲というのは、まず、健康な人々の集団からそれぞれ設定しようとする検査、たとえば血糖や尿酸などを測定します。次に、その検査結果を統計的に計算して分布図をつくり、その分布図内の95パーセントを信頼区間と言って、この区間を基準範囲として利用しています。ここで、注意しなければならないのは、基準範囲を計算するときに集めた健康な人々の集団のうち、5パーセントの人の検査値は使っていないということです。

したがって、前述のように基準範囲から外れたらすぐに異常とは言えないということです。なお、専門家の間では「健康な人」を「健常者」とよびますが、この用語の定義や各項目の測定方法、個人差、性差その他いくつか注意すべき点があることが知られています。

基準範囲オーバーでも怖くない？

数多くある臨床検査項目のひとつに『アルカリフォスファターゼ（ＡＬＰ）』という酵素があります。このＡＬＰ（基準範囲は、90～270ユニット・パー・リットル〔Ｕ／Ｌ〕。基準範囲は、測定当時の検査会社での値で、現在はＪＳＣＣ法100～325Ｕ／Ｌ）は実に複雑な面を見せてくれます。

たとえば、肝臓のはたらきには、食事から得られた栄養素を吸収・分解したり、解毒や胆汁酸をつくったりといろいろな作用があります。このうちで解毒作用が通常よりも盛んに行われている場合は、ＡＬＰが血清中に多く見られるようになります。正確には、分析結果が数値として表れるということです。つまり、肝臓が無理してはたらいているということがわかります。このために健康診断の血液生化学検査項目で、いわゆる肝機能検査のひとつに含まれています。

また、きわめてまれに、10歳以下の小児が超異常値を示す例があります。なんと7千775ユニット・パー・リットルという、基準範囲上限の約28倍という例も報告されています[1,2]。数字だけ見ると非常に大変な値のようですが、実は3か月くらいで基準範囲内に戻る「一過性高ALP血症」というものです。さらに、ALPは骨にも多く存在するので、成長期の学童では、骨代謝が盛んに行われ酵素がたくさん出てくる例など多彩です。したがって、数値だけを見ると異常値を示していますが、これらふたつの例はいずれも怖い病気ということではありません。

基準範囲って本当に難しい!

ALPの基準範囲が90~270ユニット・パー・リットルで、なんと30ユニット・パー・リットルという基準範囲下限の3分の1を示した例が報告されています[3]。この症例は、ALPに『免疫グロブリン』が結合したために異常低値になってしまったものです。ちなみにこの酵素結合性免疫グロブリンは、健常者にも見られます。

この例のように、酵素と免疫グロブリンが何らかの理由で結合してしまい、基準範囲より低い値を表すことがあります。これは、『酵素結合性免疫グロブリン』、あるいは『失活因子』（酵素の測定値を扱う場合、その活性が高いとか低いとかの酵素量を表現するときにしばしば活性値という言葉を使う。つまりこの場合、活性を失わせる因子が免疫グロブリンということになる）が結合したなども言われます。このような例は、ALPのほかに膵臓の病気などで一般的に検査される『アミラーゼ』（AMY）[4]、肝臓の病気などでは『乳酸脱水素酵素』（LDH）や心筋梗塞の病気では『クレアチンキナーゼ』（CK）などのように、いくつかが知られています。さらに酵素の活性値が低下を示す例としては、サブユニット欠損という特殊な例、あるいは損傷臓器そのものが悪くなりすぎて酵素が出にくくなった場合など、病気でも基準範囲内や異常に低いという場合もあります。

一方、酵素結合性免疫グロブリンは、活性値を低下させるばかりではなく反対に上昇させることのほうが多いこともよく知られている事実です。

これらのように病気以外でも基準範囲を外れる例はいくつか存在するのです。

採血の良し悪しでも測定値は変わる

体を動かすために重要なＡＴＰ（adenosine tri-phosphate、アデノシン三リン酸：アデニンという塩基に五単糖であるリボースが結合したアデノシンにリン酸が3個結合した多くのエネルギーを貯蔵し必要なときに放出できる重要な化合物）を産生するためのおもな材料は、糖、脂肪、タンパク質（アミノ酸）のいわゆる三大栄養素ですが、いずれも血液を介して全身に送られています。血液にはこの3種類だけではなく、赤血球や白血球などの細胞に加え、水分や各種ホルモン、その他の物質も数多く一緒に血流に乗っています。

一方、赤血球のなかには、赤血球自身が利用するために、糖やＬＤＨなど、さまざまな物質も含まれています。

ここでたとえば、血液中の糖、すなわち血糖を測定しようとするとき、とくに指先からの簡易測定では採血するときに血液がなかなか出ないために、指先を強く押して絞り出して採血した場合、赤血球が強く押し出されたことによる物理的な力によってパンク

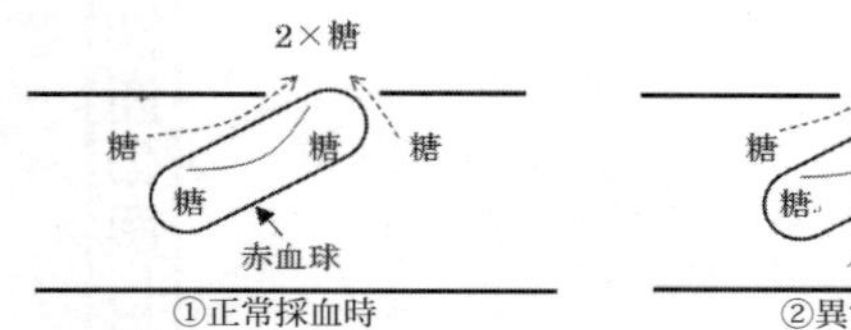

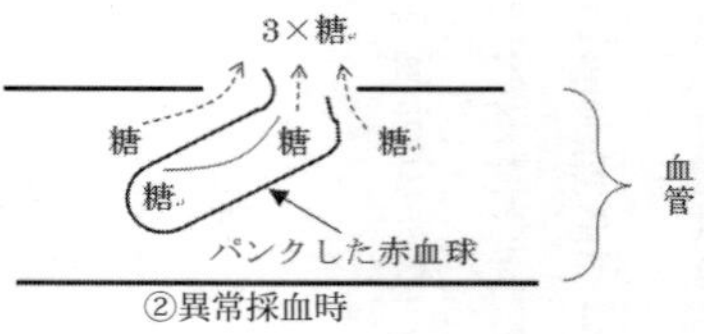

図２　採血時における赤血球の様子

①は正しく採血されている様子で、②は物理的要因により溶血させてしまったときの採血の様子をイメージしたもの。

（溶血）します。すると赤血球のなかに含まれる糖も同時に出てしまい、本来の血糖値にプラスされ高値を示すことが知られています。つまり、上手に採血しないと基準範囲を超える値になってしまう可能性が高くなるという困った現象が起きます。

図2は、採血時の血管と赤血球の様子を模式的に表したものです。①は正常に採血された場合の血糖で、血液中の糖を2個検出し測定しています。②は採血時に物理的に溶血させてしまい赤血球から糖を1個余分に出してしまい、血液から2個の糖と合計3個の糖を検出してしまった例です。

このことから、測定データは採血の良し悪しでも変動するということがおわかりいただけたと思います。

本当に難しい基準範囲！

一過性高ALP、酵素結合性免疫グロブリンの例や、採血の良し悪しで測定値が変わると述べてきました。しかし、まだまだ足りないのが現実なのです。

先に、成長期の小児では骨代謝が盛んになるため、ALPの活性が上昇すると話しましたが、更年期以降の女性ではALPやLDHの活性値が高くなることが知られています。また、食事が血糖値や中性脂肪の量に影響を与えることはよく知られていることです。

激しい運動後では、LDHやCKの活性値が上昇することが知られています。たとえばCKは、心筋や骨格筋の損傷具合を見る酵素ですが、筆者は以前に自身の健康診断の検査結果でCKの値（基準範囲60～270ユニット・パー・リットル）が2千ユニット・パー・リットルを超える経験をしました。このときは採血の前々日に趣味の筋力トレーニングを行っていたので、検査結果に異常値マークが記されていても驚かなかったことを記憶しています。さらに、この健康診断結果に対する医師のコメント欄にも何も記載されていませんでした。実はこのときの検査結果は、CK以外の他項目はすべて基準範囲内に納まっていました。つまり、医師はすべての検査結果やその他の情報を読んで判断したということです。

これらの例からもおわかりいただけたと思いますが、ひとつの項目が異常値を示してもすぐには病気とは考えないということです。

電気泳動法で目視できる

LDH、ALPやCKが異常値を示した場合、電気泳動法という特別な分離分析法を用いることにより、異常を示した原因をある程度の範囲内で解析し、その結果を肉眼で見ることができます（図3）。

たとえば、筆者のCKの測定値が2千ユニット・パー・リットルを超えたケースでは、心筋梗塞の経過観察などで使われるCKアイソエンザイムは、電気的に酵素を分離後に染色することにより、バーコード状のバンドが見られます。CKの場合、大きく分けると心筋由来のバンドと骨格筋由来のバントがあり、心筋梗塞の症例では心筋由来のバン

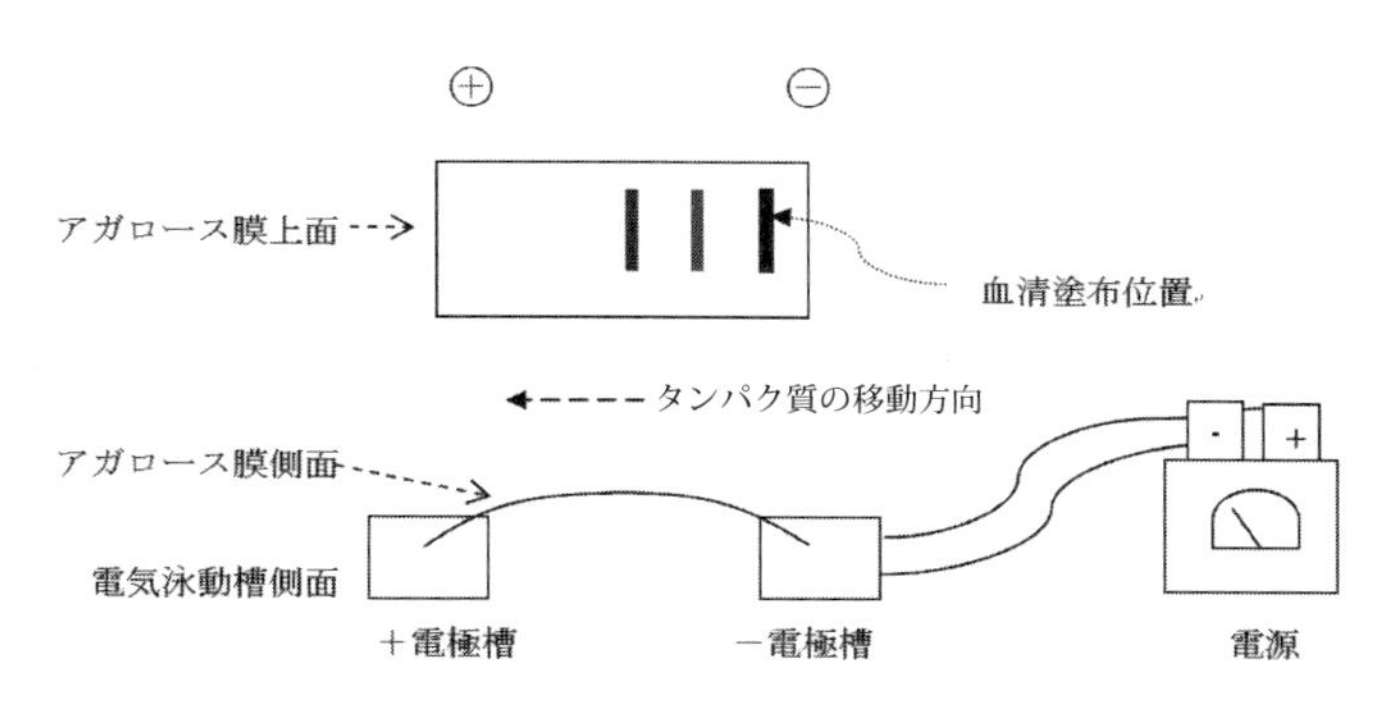

図３　電気泳動法概略図

ドが高い値（濃く染まる）を示し、激しい運動後などは骨格筋由来のバンドが高い値を示すことが知られています。どのバンドが濃いか薄いかで損傷臓器の判別が可能です。つまり、この例では激しい運動後のために骨格筋由来のバンドが高かったのです。

また、学童期のＡＬＰは骨由来のバンドが高くなる特徴があり、年齢・性別や他の検査データから容易に判定ができます。

これらのように、電気泳動法という分離分析の手法を使うと異常値を示す原因がある程度の範囲で目視可能という利点があります。

アガロース膜（透明な寒天のような膜）を電気泳動槽という容器に電気を流すための緩衝液（酵素［タンパク質］の性質に影響を与えず、

電気が通じる液体）をプラス槽とマイナス槽に入れます。次にアガロース膜のマイナス側に血清を塗布します。この膜でマイナス槽とプラス槽間に橋渡しをして電気を流すと、電流はプラスからマイナスに、電子はマイナスからプラスへ向かいます。すると、タンパク質はアミノ酸の集合体ですから、電子の流れにしたがってプラスに荷電しているアミノ酸を多く持つものと、そうでないものとの間でプラス電極側に引きつけられる距離に差が生じ、分離できます。その後、それぞれの検出目的に合った試薬で染色を行うと、バーコード様のパターンが得られます。このパターンは、それぞれ各酵素特有の正常パターンと比較することで異常の有無が判別できます。

一過性高ALP血症や酵素結合性免疫グロブリンの例では、通常の臨床検査データのみの場合は数値だけなので、なかなか判別が困難な場合があります[5]。

それというのも、たとえばALPで異常低値を示しても、その原因として免疫グロブリンの結合によるものか、あるいは非常にまれなケースではありますが、検体（検査目的の材料）にシュウ酸塩やEDTA（エチレンジアミン三酢酸）（シュウ酸塩やEDTAは、ALP分子のなかから金属、つまりMg［マグネシウム］を選択的に挟み取り酵素活性を失わせる。ちなみに、挟み取るのでギリシャ語の蟹の爪に由来するキレート作用という)という抗凝固剤が混入した場合でも超異常低値を示すことが知られているからです。

これらの例では、電気泳動法を用いて目視で確認する手法があり、酵素の場合を『アイソザイム』と言います。酵素は、タンパク質のうちのひとつで、タンパク質はアミノ酸の集合体です。このアミノ酸は、電気的にプラスとマイナスに荷電しており、その小さな集合体(サブユニット)に電気を通すとプラス側に移動しやすい集団と、そうでない集団が存在します。酵素は、このサブユニットの集まりですから全体として電気的に分離可能というわけです。なお、アイソザイムという名称はIso-enzymeの略称でIsoは同一という意味でEnzymeが酵素ですから、同一の基質を分解する作用を持ちますが、物理化学的性質が異なる酵素のことを言います(図4)。

酵素結合性免疫グロブリンの存在で酵素活性の値が高くなる例は比較的多く知られており、代表的な項目ではLDH、AMYやCKなどが挙げられます。多くの場合は、健康診断などの血液検査でその項目のみが異常値、すなわち基準範囲オーバーを示すことで見出されます。この場合に、異常高値の原因を探索する目的で電気泳動法によるアイソザイム検査を行うことで、それぞれ特徴あるパターンが検出され、判別が可能になります。

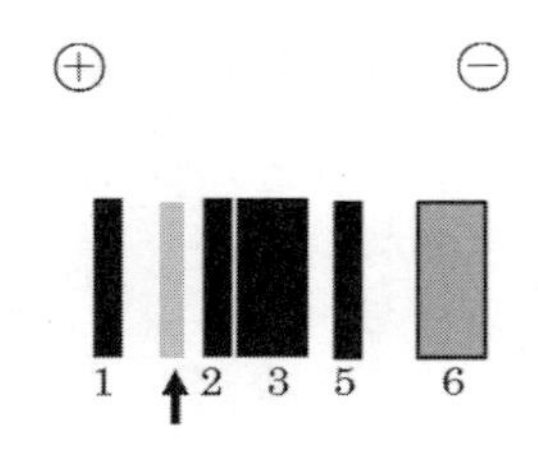

図4　ALP アイソザイムのパターン模式図

1：高分子肝臓型、肝胆道系の閉塞で検出される。2：肝臓型　3：骨型、骨成長期である学童期に高い値を示す。4：胎盤型で3型の位置に検出される。女性では妊娠後期に男性では肺がんなどで検出される。5：小腸型、血液型OとB型の人に検出しやすい。また高脂肪食後でしばしば検出される。6：酵素結合性免疫グロブリンの例で一般的な位置、どの位置に検出されるかは決まっていない。1と2の間に一過性高ALP血症のバンド（↑）が検出され約3週間で見られなくなる。これ以外にも同じ位置に小腸型の性質を示す異常バンドも報告[6]されている。

代表例としてCKアイソザイム（CKアイソザイムは、M：骨格筋由来とB：脳、神経組織由来のふたつのサブユニットの組み合わせにより、BB型、MB型、MM型の3種類が知られている）の酵素結合性免疫グロブリンのパターンを図5に示します。この例は、追加バンドの存在のために活性値が上乗せされるケースです。

このほかの、LDH、AMY、ALPの各酵素でも同様に追加バンドを検出する例は、しばしば遭遇するパターンですが、酵素結合性免疫グロブリンは、どの位置に出るかは一定ではありません。

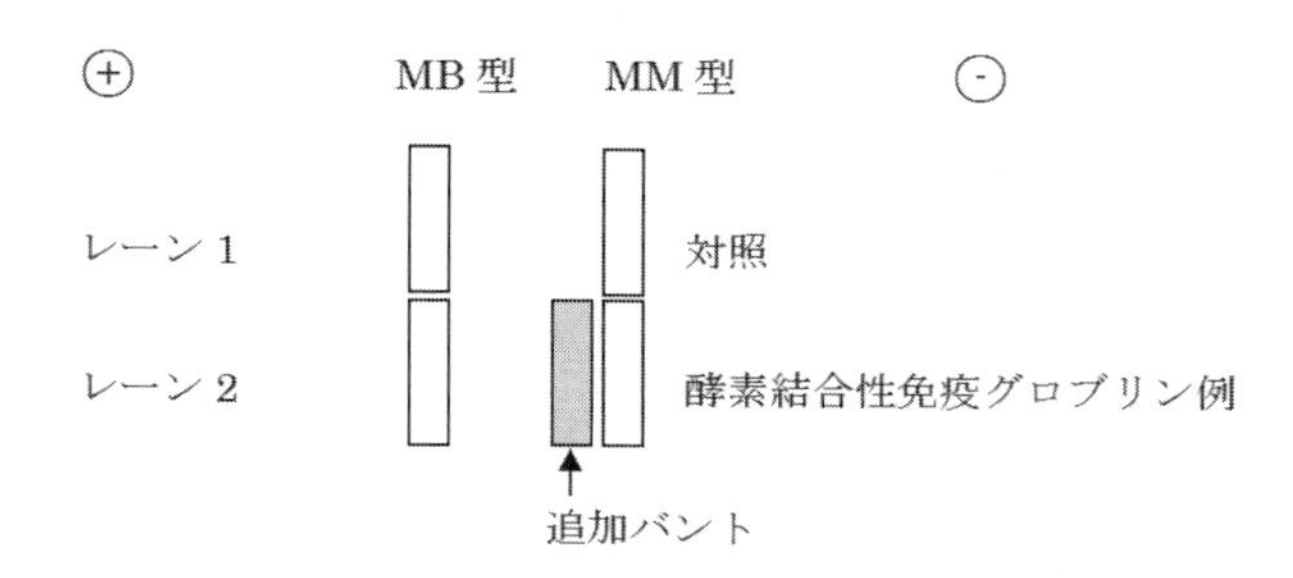

図5　CK アイソザイム（レーン 1）と酵素結合性免疫グロブリン例（レーン 2）

レーン 1 は、対照として通常検出されるバンドの MB と MM バンドで、レーン 2 には、MM バンドの陽極側に追加バンドが検出された例。このように電気泳動法による分析で異常高値の原因が追究できる。

これらのように、電気泳動法は異常を肉眼で確認できる利点があります。

水のなかでも脂が分離してない！

ここからは、脂質についてのお話しをします。

食事から摂取した脂肪（脂：中性脂肪［トリアシルグリセロール、Triacylglycerol］、コレステロール［Cholesterol］）は血流にのって全身に運ばれます。このとき、取り入れた脂が、血液中、つまり水のなかを分離せずに、それぞれ必要な組織に運搬されていく

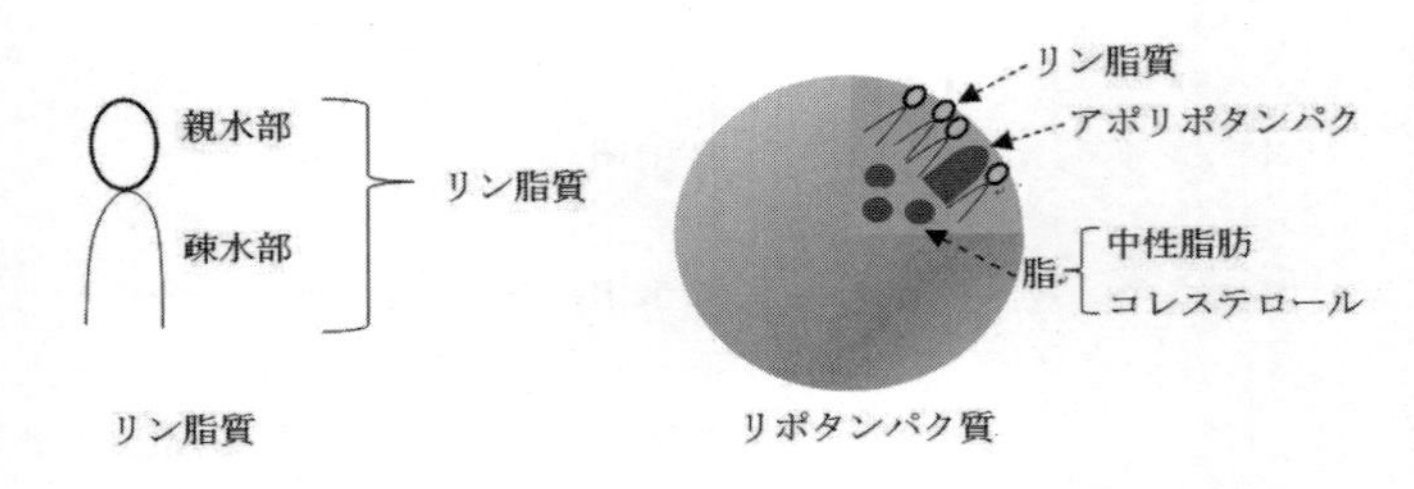

図6　リン脂質とリポタンパク質の構造図（模式）

のはなぜかを考えてみましょう。

食事由来の脂は、分解され小腸から吸収、小腸上皮細胞で脂が再構築されリン脂質とタンパク質に包まれ、球状の特殊な形態をつくります。この球状形態をとったリン脂質、タンパク質と脂との複合体のことを『リポタンパク』と言います（図6）。

さまざまな細胞や赤血球の膜もリン脂質で構成されています。このリン脂質は、水が好きな親水部と水を嫌う疎水部というふたつの相反する性質を持つ分子構造をしており、親水部を外側に疎水部が内側を向いて脂を包んでいます。そして、ところどころに別のタンパク質（アポリポタンパク）が顔をのぞかせている、豆大福のような形態をしています。

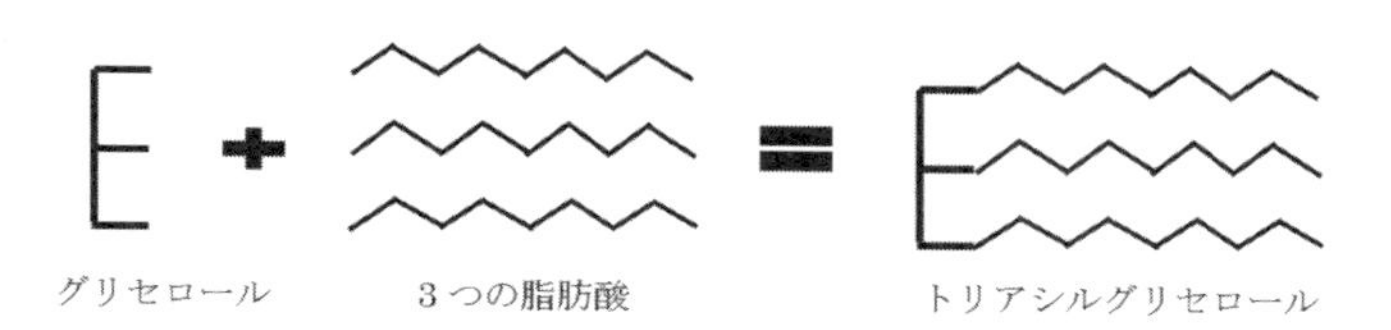

図7　中性脂肪の模式図

中性脂肪は、グリセロールの骨格に3個の脂肪酸が結合したトリアシルグリセロールのことを言うが、ほかに脂肪酸が2個のジアシルグリセロールと1個のモノアシルグリセロールもわずかに存在する。

この特殊な構造から、リンパ液中や血液中、つまり水中でも分離せずに脂が運ばれるという非常によくできた複合脂質と言えます。

リポタンパクは小さくなると重くなる！

食事から摂取された脂、この場合はトリアシルグリセロール、つまり『中性脂肪』は、小腸から吸収されリンパ管を経て肝臓に送られる最初のリポタンパクで、カイロミクロン（Chylomicron）とよばれています（図7）。さらに、肝臓からは超低比重リポタンパク（Very Low Density Lipoprotein：VLDL）というカイロミクロンより直径が小さくなって、血流中

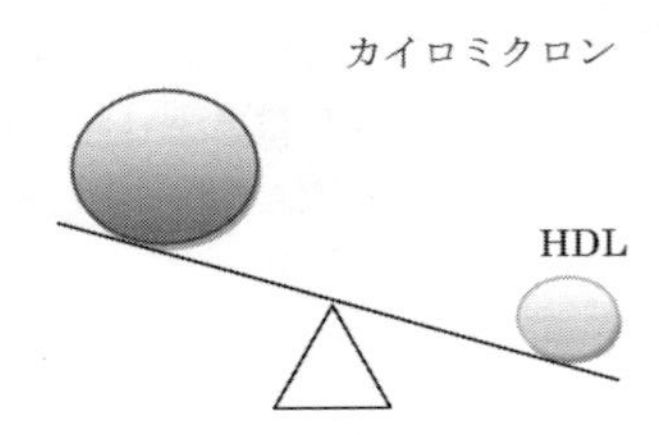

図8 リポタンパクの粒子サイズと比重の関係

粒子サイズの大きなカイロミクロンは粒子サイズの小さな HDL より軽い。

に放出されます。その後、このＶＬＤＬからリポタンパクリパーゼという酵素の作用により中性脂肪（トリグリセリド）を加水分解して取り出します。分解されたトリアシルグリセロールは、グリセロールと脂肪酸に分かれ、この脂肪酸はβ酸化によってエネルギー源に、またグリセロールはさらに別の代謝過程（糖新生）を経てエネルギーを産生することになります。そして、このＶＬＤＬから中性脂肪が分解除去されると、さらに直径が小さくなって低比重リポタンパク（Low-density Lipoprotein：LDL）という名前に変わります。このようにしてトリアシルグリセロールが徐々に取り除かれていきます。このＬＤＬは各細胞にコレステロールを運搬して細胞膜の一部などに利用されています。

一方、末梢の細胞からはコレステロールを肝臓などに逆輸送する過程があり、この主役が高比重リポタンパク（High-density Lipoprotein：HDL）とよばれており、リポタンパクのなかで最も小さな球状構造をしています（図8）。

カイロミクロンから超低比重リポタンパクを経て低比重リポタンパク、さらに高比重リポタンパクと直径が小さくなっていく順に述べてきましたが、その直径の大きい超低比重リポタンパクと最も小さい高比重リポタンパクという言葉に注目すると、大きな直径にもかかわらず比重が超低いという名称、反対に最も小さな直径のそれは高比重リポタンパクと名づけられているということです。これはリポタンパクの構造が、比重の軽い脂が加水分解されて出ていき、比重の重いタンパク質の割合が多くなる構造に変化するからです。

糖質はエネルギー源として重要だが、取りすぎると？

ヒトは生命を維持するため、そのエネルギー源として糖質が必要不可欠です。とくに脳や赤血球などがその機能を十分に果たすために糖質は重要です。したがって食事から糖質やデンプンを摂取、あるいは自身で糖を生成するなど、血糖値を常に一定量に保つようなしくみになっています。ちなみに、このしくみの全体のことを『恒常性』と言います。

この必要なエネルギーを得るために、糖質は解糖系という経路から『ピルビン酸』『アセチルCoA』と順に変換され『TCAサイクル』を経て、さらに複雑な過程をたどりATP（adenosine 5'- triphosphate）をつくりますが、必要な量が十分にある場合にはTCAサイクルが抑制され、糖質の『グルコース』は『グリコーゲン』という物質に変換されておもに肝臓、筋肉に蓄えられます。そして必要になったら、つまり血糖値が下がったら再びグルコースに変換されて、それぞれの組織・細胞で活躍することになります。

しかし、グリコーゲンを蓄える量には限度があり、必要量以上に糖質を摂取すると、次には脂肪酸がつくられるようなしくみが身体に備わっています。この脂肪酸とグリセロールが結合して脂肪が形成されてしまうのです（図9）。

脂肪は、皮下や臓器と臓器の間などに貯蔵されるため、肥満や脂質異常症の原因となりますが、空腹のときや、糖質、タンパク質などの栄養素が不足するとβ酸化されエネルギー源として利用されます。

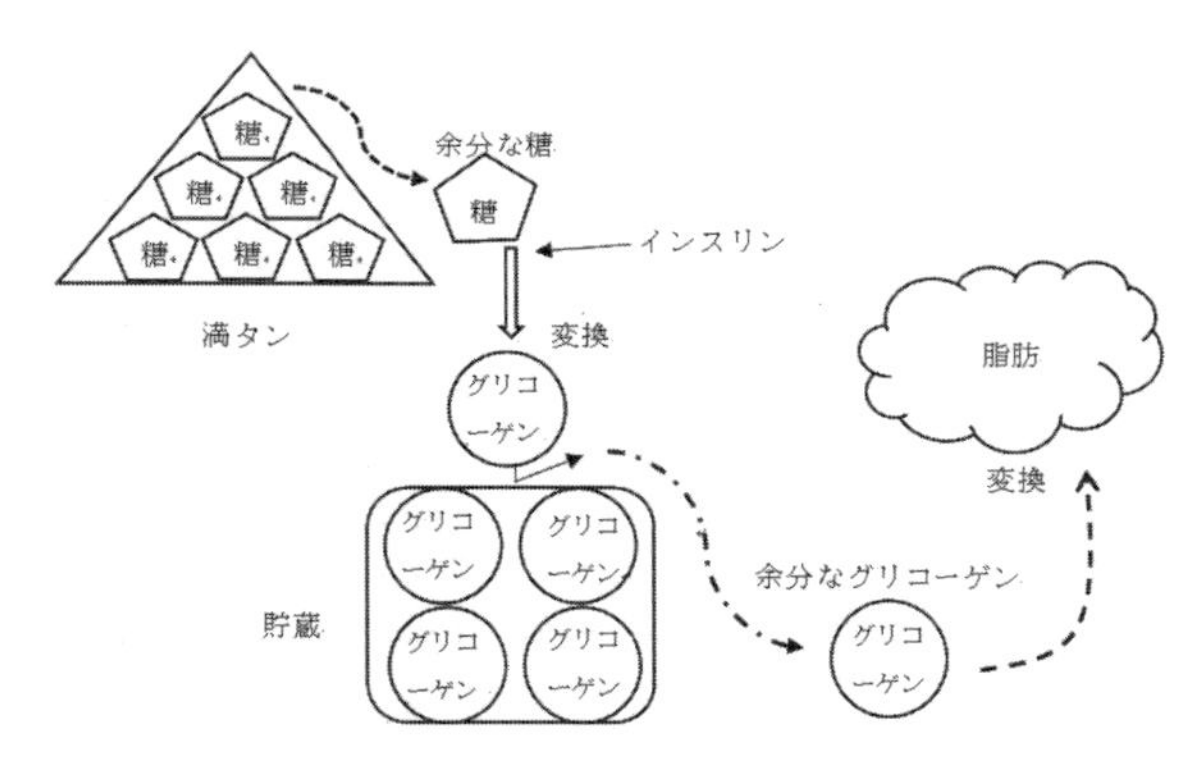

図9　過剰摂取した糖質がグリコーゲンを経て脂肪に変換されるイメージ

過剰な糖質は貯蔵庫へ

血糖値は常に一定に保たれるという話をしましたが、これにかかわる非常に重要な物質が『ホルモン』です。血糖値が上昇すると『インスリン』とよばれるホルモンが膵臓の『ランゲルハンス島β細胞』から分泌され血糖値を下げるはたらきをします。インスリンは、解糖のほかグリコーゲンや脂肪の合成促進作用と『糖新生』（グリコーゲンやグルコースが不足した場合に、グルコース以外の物質から糖をつくること）および『ケトン体』（飢餓などでグルコースが不足した場合、エネルギー源として脂肪酸のβ酸化を促進して、脳などにケトン体〔アセト酢酸、3-ヒドロキシ酪酸、アセトン」という物質を使用するようになる）の合成抑制などさまざまなはたらきがあります。一方、血糖値が低下すると今度は『ランゲルハンス島α細胞』から『グルカゴン』というホルモンが分泌され、血糖値を上げるはたらきを発揮します。グルカゴンもいくつかのはたらきがあり、グリコーゲンの分解促進作用や脂肪の分解を促すなどの作用を有します。

このように、必要量以上に糖質を摂取すると脂肪酸がつくられるメカニズムが私たちの身体には備わっているのです。

食事から糖質（デンプン）の供給が途絶え、血糖値が低下すると、筋肉などに蓄えたグリコーゲンを放出して血糖値を維持するしくみが身体には備わっているわけですが、さらにグリコーケンも枯渇すると、生体では脂肪細胞に貯蔵された『トリアシルグリセロール』（TG）の放出が始まります。この脂肪酸分解過程を『β酸化』と言います。

脂肪細胞中で、TGは『ホルモン感受性リパーゼ』（Hormone-sensitive Lipase）の作用により、グリセロールと脂肪酸に分解され血中に放出されます。グリセロールは糖新生経路に送られ、脂肪酸はアルブミンと結合して運ばれて行きます。この脂肪酸のことをTGから遊離したということで『遊離脂肪酸』（Free Fatty Acid：FFA）と言い

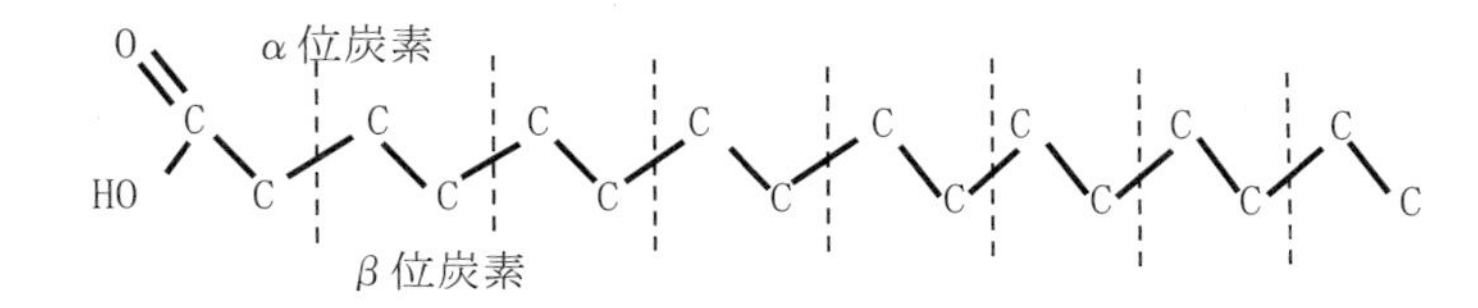

図10　パルミチン酸（炭素16個）の模式分子構造

ます。

遊離脂肪酸の基本的な分子構造の主骨格が炭素16個のパルミチン酸でβ位の炭素のところで酵素により炭素を2個ずつ切断するのでβ酸化（β-oxidation）とよばれています（図10）。次に、この切断された炭素数2個の物質は、『アセチル-CoA』という新たな物質になりTCAサイクルに送られます。このようにしてパルミチン酸の炭素16個が2個ずつ切断されていくので、すべて分解されるまで7回繰り返すことになります。この過程で生成されるアセチル-CoAは全部で8個になります。TCAサイクルに送られたアセチル-CoAは電子伝達系によりエネルギー源（ATP）と二酸化炭素（CO_2）および水（H_2O）をつくる過程をたどることになります。この過程では129個ものATPが生成されます。遊離脂肪酸は、β酸化によるCO_2とH_2Oの生成経路のほかに、コレステロールの基や絶食時のエネルギー源としてのケトン体の生成などの経路もあります。

大量のエネルギー産生と消費には酸素が必要

ここでは、糖質を分解してエルネギー（ATP）を産生する過程を簡単に紹介します。この過程は、脂質やタンパク質（アミノ酸）も共有しています。

私たちの体内では、エネルギーを産生するために、栄養素を分解してミトコンドリア内（マトリックス）へ水素イオン（H^+）と電子（e^-）を送り込みます。するとミトコンドリアの内膜に電子伝達系という4つの酵素複合体（複合体Ⅰ～Ⅳと番号でよぶ）が存在しており、送り込まれた電子は、それぞれの複合体が連携してⅠから順にⅣへ伝達されます。この電子を伝達しながら、水素イオンを内膜と外膜の間（膜間腔）に汲み出しています。そして複合体Ⅳでは、呼吸から得た酸素にこの電子を渡して水（代謝水）を生成しています。一方、膜間腔に集められた水素イオンは、マトリックスとの間に濃度の勾配ができることになります。複合体Ⅴ（ATP合成酵素）は、この勾配を解消するために水素イオンをマトリックス側に戻す動きをして、自身、つまりATP合成酵素

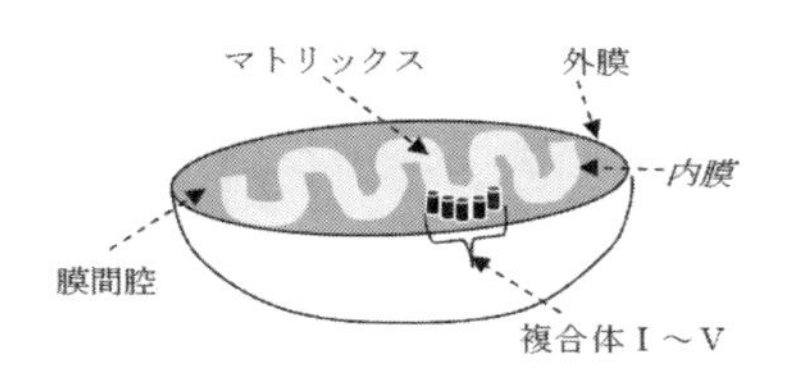

図11　ミトコンドリアの横断面模式図（左）（「ハーパー・生化学から一部改変」）と複合体Ⅴのイメージ（右）

が回転します。このときの駆動エネルギーを利用して『アデノシン二リン酸』（ＡＤＰ）にリン（Ｐ）を結合（高エネルギーリン酸結合）させてアデノシン三リン酸（ＡＴＰ）をつくっています。このイメージとしては、自転車のヘッドライトを点灯するときに発電機をタイヤ側に傾けて、タイヤの回転運動に連動させて発電機の回転軸を回すという動作と同じと考えると、わかりやすいと思います（図11）。

そして、エネルギーが必要なとき、ＡＴＰからＰを外しＡＤＰになります。このときに高いエネルギーが発生します。これは『電子伝達系』『呼吸鎖』などとよばれています。

一方、糖質は酸素の供給がなくても、エネルギーを産生し消費する機構（基質レベルのリン酸化）もありますが、その産生量は電子伝達系に比べてごくわずかです。

食べすぎ注意報？

ここでは、脂質の多い食品を過剰に摂取すると肝臓は、どのようになるかについて見ていきます。

肝臓に次から次へとトリアシルグリセロールが送り込まれる、つまり脂の多い食品を多く食べすぎると、肝臓でVLDLをつくり血液中に放出することが間に合わなくなる現象が起きることがあります。すると、肝臓内にトリアシルグリセロールが貯まってしまいます。この脂が貯まってしまった肝臓のことを『脂肪肝』とよびます。脂肪肝は、そのまま放置しておくとやがては肝細胞が繊維化して『肝硬変』になってしまいます。

したがって、肝臓が処理しきれないほど高脂肪食品を摂取し続けると、単に肥満になって体型が変化してしまうだけではないということです。くれぐれも食べすぎにはご注意を！（図12）

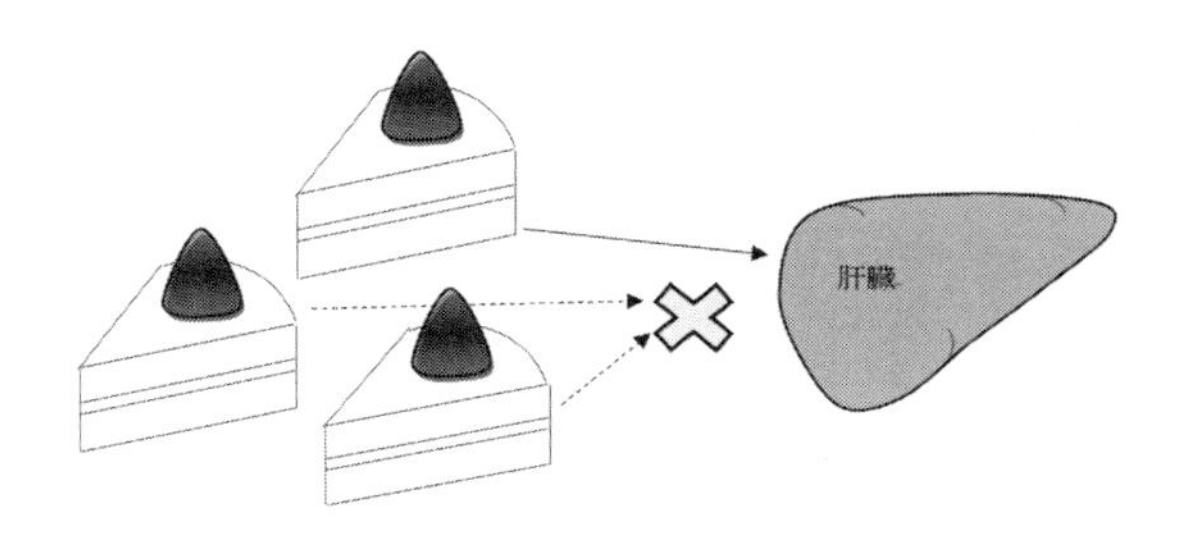

図12　過剰な高脂肪食摂取時のイメージ図
高脂肪食の継続的な摂りすぎは注意が必要。

『肥満症』という病気

『肥満症』という病気は、日本肥満学会が「肥満に起因ないし関連する健康障害を合併する、その合併が予測される場合で医学的に減量を必要とする病態」と定義しています[7]。肥満は、BMIが25以上とされていますが、これも数値を少しでも超えたらすぐに肥満とは考えないというケースのひとつです。たとえば「体重が重くても筋肉量が多く、その代わりに体脂肪が少なければ異常は少なく、反対にBMIが25未満であっても内臓脂肪が多ければ肥満症と同様に考える」と「日本臨床検査学会の臨床検査のガイドライン2012版」に記されています。

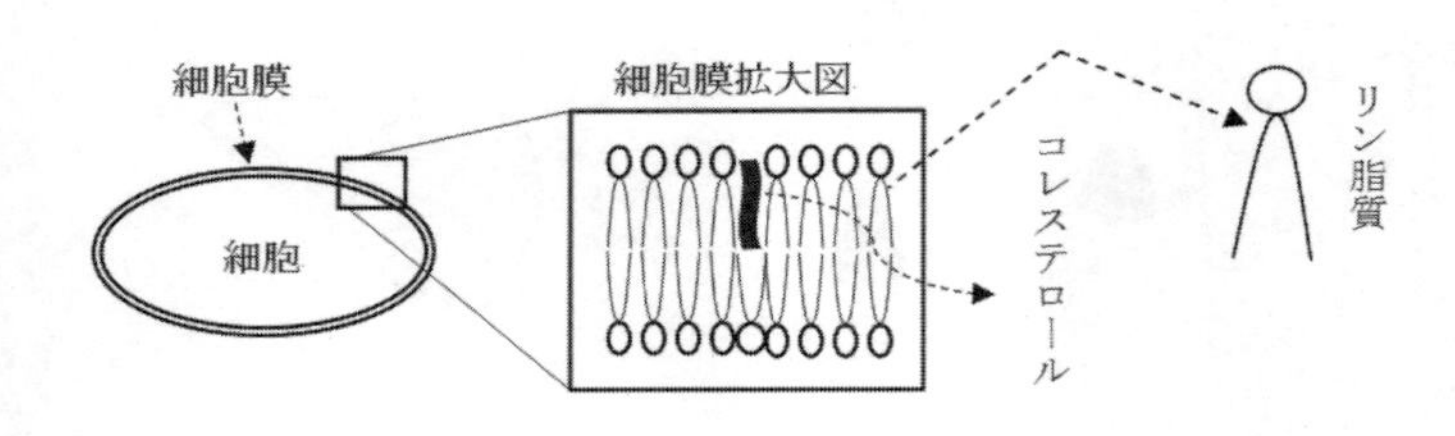

図 13　細胞膜とコレステロールの関係
細胞膜は、リン脂質の疎水部が互いに向かい合った二重構造をしている。

肥満に起因・関連して減量を要する疾患には、高血圧や脂質異常症、脂肪肝などいくつかあります。軽度な肥満は適切な食事や運動で改善されますが、一気にBMI25を目指すのではなく、体重やウエスト周囲を3～6か月かけて5パーセント程度ぐらい確認しながら継続的に減少させることが重要との報告があります。このことからも、前述してきたように、数値の取り扱いは単純ではないことがおわかりいただけると思います。

コレステロールはないと困る?

コレステロールは、生体にとって非常に重要な物質で、細胞膜の一部として構成されたり（図13）、

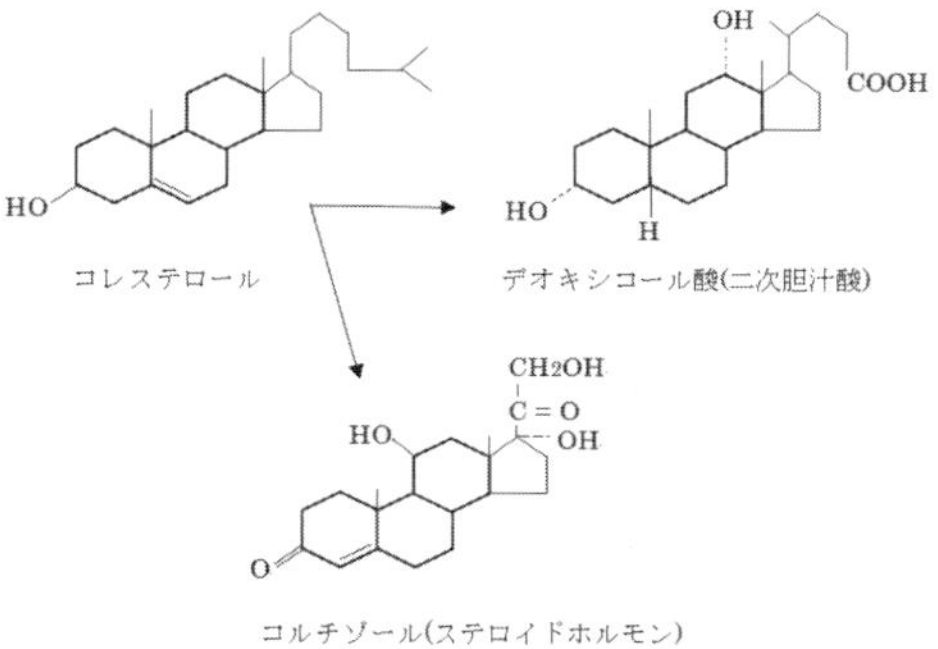

HO　コレステロール

OH　COOH　HO　H　デオキシコール酸(二次胆汁酸)

CH2OH　C＝O　HO　OH　O　コルチゾール(ステロイドホルモン)

図14　ステロイド環を持つ生体物質の代表例

コレステロールの基本構造をステロイド環（環状構造の六角形３個と五角形１個）とよび、これからステロイドホルモンや胆汁酸などに発展しているので基本的な構造は同じ。

あるいはステロイドホルモンや胆汁酸に合成されて利用されています（図14）。ここでは、コレステロールの生体における利用のされ方について簡単に見ていきます。

ヒトの細胞は、その機能を維持するために、リン脂質とリン脂質の間にコレステロールが適当な間隔で挿入された膜を二重にして、細胞膜の構造を形成しています。このような特徴は、水や低分子物質（H^+、K^+など）の透過性が得られるなどの利点となっています。細胞小器官とよばれているミトコンドリア、ゴルジ体や小胞体なども同様にリン脂質で膜が形成されています。

また、ステロイドホルモンについて、たとえば、テストステロンは精子形成促進に関与したり、コルチゾールは排卵サイクルと乳汁分泌の促進作用、さらにプロゲステロンは子宮内膜を肥厚させ着床しやすい環境にかかわるなど、さまざまな生理作用を与えてくれるホルモンに変化します。

『胆汁酸』は肝臓で合成され、胆汁として分泌されます。この胆汁が脂質と協力し合って『ミセル』（カイロミクロン）を形成して脂質の吸収を助けるはたらきをしています。

この例からもわかるように、コレステロールはないと困る物質なのです。

急激な体重減少は注意が必要

プロ、アマを問わずボクシングやレスリングなどの選手たちが、きわめて短期間に、しかも意識的に体重を減少させる行為、いわゆる「減量」を行うことを見たり聞いたりしたことがあると思います。

しかしながら、とくに「減量」を必要としない人々でも、自分ではまったく意識していないにもかかわらず、体重が急激に減少していくという困った現象があります。

6か月間に5パーセント以上の体重の減少が認められた場合を体重減少といい、BMIが25以下の人で10パーセント以上の意図しない体重減少を認めたとき、減少の原因などの解明を急ぐ必要があるとされています。

ここで登場するのが、タンパク分画という電気泳動法を用いた臨床化学の検査項目です(図15)。これは先に紹介した電気泳動法と大差のない方法ですが、血清中のタンパク質を分離した後に染色する方法が異なります。専用の染色薬で染色後、得られたバーコード状の結果を全体的なパターンとして認識し、低栄養パターンや急性炎症パターンなどの判定を行います。バーコード状に並んだバンドを陽極側からアルブミン分画、α_1分画、α_2分画、β分画およびγ分画とよびます。このうちアルブミン分画が最も血液中で濃度が高いので濃く染まり、次いでγ分画が濃く染まります。

低栄養状態、食物摂取の低下や末期がん患者では、全身でのタンパク質合成が低下するので、すべての分画が正常パターンに比べ低下することで判定できます。実際の判定では、パターンを読み取る機械(デンシトメーター)に読み込ませて、バーコード状のバンドを山型のグラフ(デンシトグラム)に変換します。そして、5本全体の面積をまとめて100として各山の割合を百分率で表します。さらにその割合を総タンパク質量

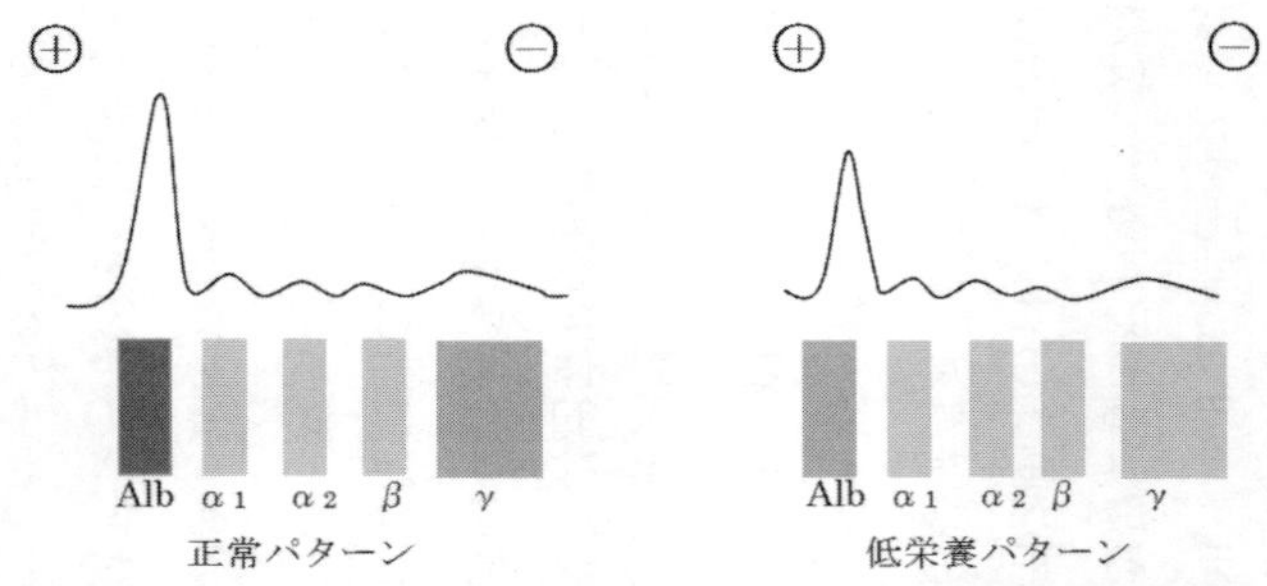

図 15　タンパク画のデンシトグラム（上段）と電気泳動パターン（下段）

正常パターン（左）に比べて、低栄養パターン（右）はタンパク質が不足しているので全体的に淡く染色される。同じようにデンシトグラムは全体的に低い山を描くことになる。

にそれぞれ換算して表現します。つまり、総タンパク質量に対する内訳が各バンドの量というわけです。

栄養失調?

食事から得られる糖質、脂質、タンパク質などの栄養素は、それぞれ重要なもので、どれかひとつ欠けても身体によくありません。極端なエネルギーの不足や、タンパク質量が不足した場合は、栄養失調症ということになります。この栄養失調症は極端な型のふたつが知られています。

『マラスムス、Marasmus』は、あらゆる民族の貧困層で見られ、成人や小児の区別はありません。エネルギー不足により、糖新生をうまく機能させせられず、自身の筋肉を削っていくので体重は減少します。成長が遅れることやアルブミンなどの重要な物質が低下します。もうひとつは『クワシオルコル、Kwashiorkor』というもので、発展途上国の小児にのみあらわれます。この場合、エネルギーが必ずしも不足しているわけではなく、タンパク質の絶対量が不足しているときに出る症状です。食事によるタンパク質の摂取量が足りない状態に対して炭水化物の摂取量が多くなると、体内では、タンパク質の合成が低下してしまいます。するとアルブミン量が低下し浮腫（むくみ）が生じてしまいます。これは、アルブミンが体組織内外の水分バランスを取っているからです。さらに、肝臓でのリポタンパクの生成量が減少するので肝臓内に脂質が蓄積して脂肪肝になってしまいます。その他、成長の遅れや免疫力低下、脱毛などさまざまな症状があらわれます。

これらのことから、食事、すなわち脂質、糖質、タンパク質はバランスよく、しっかり摂取することが重要なことだと理解できます。もちろん、ビタミン類やミネラルも忘れてはなりません。

「肥満」と「痩せ」に共通する悪魔！

最後に、どうしても取り上げなければならない話、とくに若い女性に考えていただきたいことがあります。それは、「肥満」でも「痩せ」でももともに『月経異常』をきたすということです。

女性機能の主役は卵巣で、下垂体前葉から分泌される性腺刺激ホルモンである『卵胞刺激ホルモン』（FSH）および『黄体形成ホルモン』（LH）によって支配されています。これらの『下垂体ホルモン』の分泌は、さらに脳の視床下部で産生される『性腺刺激ホルモン放出因子』により支配されています。一方、FSH、LHは、卵巣からの性ステロイドの制御を受けてバランス（恒常性）を保っています。FSHとLHはその数値が高くても低くても『無月経』の原因となります。

さらに『レプチン』というホルモンは、脂肪細胞から分泌されますが、このホルモンの生理作用のひとつに生殖機能があります。体脂肪蓄積とレプチン濃度は比例するので、極端に体脂肪が減少する「痩せ」では生殖機能不全をきたします。一方、「肥満」では、レプチン濃度は高くなるのですが、今度はレプチン抵抗性を示すようになり、やはり生殖機能に異常をきたすことがあると、日本肥満症予防協会から報告されています。

それでは、健康の目安は何かというと、BMIすなわち体格指数がここでも活躍します。

生殖機能は、欧米ではBMIが22～23がよく、さらに内臓脂肪型肥満は月経異常の頻度が高いと報告されています。また。肥満では、現体重の5パーセント以上の減量で月経異常の回復に効果があったと報告されていますので、体重が多い場合は、健康的なダイエットの実行を考えていただきたいと思います。

スイカの種子周囲の果肉抽出物が肥満抑制！

肥満を抑える物質が、スイカから抽出されたという報告がありました[8]。スイカの種の周囲に付着しいている物質から、特別な方法で取り出した成分（γ-オリザノール様物質）を高脂肪食の飼料とともにラットに与えた群と、高脂肪食のみの飼料を与えた群を比較したところγ-オリザノール様物質を与えたラットには明らかに肥満抑制効果が確認されたという報告です。

γ-オリザノールは、抗酸化作用、血中コレステロール低下作用などの効果があります。

ここで報告されたγ-オリザノール様物質というのは、まだその構造解析の最中で、物質が確定されていないのでγ-オリザノールという名称の後ろに「様」がつけられています。スイカの種子という非常に身近で比較的安価なものから、さまざまに発展、応用されることでもたらされる有用な効果は大きく、より詳細な研究が待たれるところです。

抗酸化物質で代表的なビタミンC、ビタミンEやポリフェノールなどは、食品やサプリメントなど、さまざまな形で私たちの身の周りに多く見られます。現在では、このスイカの種子周囲物質からつくられた清涼飲料水が発売されています。

おわりに

血液・尿検査値の話題は専門的な内容で少し難しかったかもしれません。ここで取り上げた臨床検査の話では、数値の取り扱い方、とくに正常値と異常値の考え方などについていくつかの例を挙げながら、病気ではない他の要因で正常な値と比較して異常な数値が検出されるケースがあること、また健康的な身体を維持するために適切な食生活を送ることの重要性について知っていただく目的でいくつかの話題を紹介しました。コレステロールを嫌いにならないで上手につきあっていただきたいと思います。

最後に、肥満症の総合的治療ガイドの食事療法では、いわゆる単品ダイエットを長期間継続すると、身体に必要な栄養成分が欠乏するので有効とは言えず、まして絶食は危険であると警鐘を鳴らしています。

いずれにしても、あいまいな情報や単純な数値のみに左右されないでものごとの本質に目を向けることが重要で、その情報が持つ背景や得られた数値の意味は何かを考えてみることをお勧めします。

現代社会において、多くの清濁混在した情報が氾濫するなかで何が正しいのか、あるいはそうでないのかを十分に確認しながら、正しいダイエット、言い換えると健康的なダイエットを行うように心がけましょう。

参考文献

1 鈴木光行ほか：臨床病理，46: 88-90 1998.
2 Suzuki M, et al.: FEMS Immunology and Medical Microbiology 33: 215-218,

2002.
3 鈴木光行ほか：生物物理化学，42: 61-64, 1998.
4 吉田悦子ほか：臨床病理，46: 473-477, 1998.
5 岡崎登志夫ほか：生物試料分析，27: 215-220, 2004.
6 鈴木光行ほか：生物物理化学，40: 35-38, 1996.
7 松澤佑次：肥満研究，6: 18-28, 2000.
8 岡崎登志夫ほか：ペット栄養学会，17: 13-18, 2014.

参考図書

・金井正光ほか 監修：臨床検査提要，金原書店，2010.
・日本臨床検査ガイドライン作成委員会 編：臨床検査のガイドライン，日本臨床検査医学会，2013.
・河合忠ほか 編：基準値と異常値の間，中外医学社，2006.
・河合忠ほか 編：異常値の出るメカニズム，医学書院，2013.
・上代淑人ほか 訳：ハーパー・生化学，丸善出版，2007.

第2部

動物のダイエットを獣医学する

斎藤　徹
日本獣医生命科学大学 名誉教授

第1章 野生動物に見るダイエット

はじめに

ヒトは、おもに肉、魚、野菜などを調理してから摂る習慣があります。そして、食事の時刻、回数、食事の種類、調理法、食事の摂り方などに伝統的な食文化や宗教が反映されています。

一方、自然界に生息している野生動物に目を向けてみると、その食事は、ヒトで言うところの「偏食」です。たとえば、植物を摂食するゾウ、キリン、シマウマ、ウシなどの草食動物と、動物を摂食するライオン、トラ、チーター、オオカミなどの肉食動物が思い浮かぶでしょう。草食動物は草ばかり、肉食動物は肉ばかりを食べているのに、なぜ彼らは栄養素（タンパク質、脂肪、炭水化物など）をバランスよく摂取することができるのでしょうか？

いまや先進国ではヒトやヒトに飼われているイヌやネコなどのペットが肥満に苦しん

でいます。しかし、なぜ野生動物は肥満になるようなことが起こらないのでしょうか?

本章では、それらの理由について考えてみます。

食物連鎖とは

最初に『食物連鎖』について見てみましょう。

生物は、その群集内で互いに『捕食者』（食う）、あるいは『被捕食者』（食われる）の関係によって連鎖的につながっています（図1）。しかし、この連鎖は必ずしも1本の鎖とはかぎりません。なぜなら、複数種の餌を食う捕食者も珍しくなく、また複数種に食われる被捕食者も当然あり得ます。この観点から、『食物網』としてよぶことが適切かもしれません。

食物連鎖は『生食連鎖』と『腐食連鎖』とに分かれます。生食連鎖とは、文字通り生きたものを食べる連鎖で単純に次のような流れになります。

緑色植物　↓　草食動物　↓　小型肉食動物　↓　大型肉食動物
この場合、植物（生産者）を餌にする草食動物が第一次消費者で、草食動物を摂食す

図1　食物連鎖（植物：生産者、動物：消費者）

る肉食動物が第二次消費者、以後第三次、四次消費者となりますが、第三次消費者が第一次消費者を捕食することもあり、また雑食動物も存在しているので、消費者間の捕食・被捕食の関係はとても複雑となります。

これに対して、腐食連鎖とは、生食連鎖で使われなかった植物（落ち葉、小枝、根など）、あるいは動物の死骸が細菌や菌類などによって分解されて餌となります。これが連鎖のスタートとなり、通常の食物連鎖につながっていきます。この場合、細菌や菌類が分解者となり、生物を構成している有機物を無機物と水と二酸化炭素へと分解し、再び生産者に利用されます。

一方、食物連鎖の結果、生物に蓄積されや

すい物質が上位の捕食者に集中していく『生物濃縮』という現象が見られます。その濃縮率は数千倍から数十万倍に達することもあります。たとえば、ダイオキシン（枯葉剤）、重金属、農薬などの有害物質が土壌や湖沼、海の底に蓄積され、それらの汚染物質が食物連鎖によって濃縮されます。1953〜1959年に水俣地方で、工場廃液による有機水銀に汚染した魚介類を食したことによる集団的に発生した水俣病や、神通川流域でカドミウムに汚染した土壌から米を通じて多発したイタイイタイ病がその一例として挙げられます。

食性とは

『食性』とは、動物の食べる食物の種類についての習性のことです。食物の種類で食性を区分すると、植物性の食物を食べることを『草食性』、動物性の食物を食べることを『肉食性』、植物性と動物性との両方の食物を食べることを『雑食性』、生物の死体やその腐敗したもの、または排泄物を食べることを『腐食性』と言います。

動物はその食性に適した運動器官、感覚器官、消化器官（口腔、胃、腸など）などの構造や消化機能を持っています。

摂食行動の様式と適応

草食および肉食動物とよばれている代表的な動物種の生物分類学的位置について図2、3に示します。それぞれの属の最後に記されている動物名、ウシ、キリン、ウマ、アフリカゾウなどが（動物）種で、生物分類の基本的な単位となります。種とは、相互に生殖が可能であることや『染色体』（遺伝子組成）などによって、他種と区別し得るものと定義されています。

1　食物の獲得

草食動物と肉食動物の摂取する食物を比較した場合、生態上の大きな違いは「食物が逃げるか、逃げないか」です。

肉食動物は餌の獲得に苦労しなければなりません。百獣の王と言われているライオンは1～3頭のオス、十数頭のメス、それと子どもからなる群（プライド）で生活してい

- 脊椎動物門
  - 哺乳綱
    - 偶蹄目
      - ウシ科
        - ウシ属－**ウシ**
        - ヤギ属－**ヤギ**
        - ヒツジ属－**ヒツジ**
      - キリン科
        - キリン属－**キリン**
    - 奇蹄目
      - ウマ科
        - ウマ属－**ウマ**
    - 長鼻目
      - ゾウ科
        - ロキソドンタ属－**アフリカゾウ**
        - エレファス属－**アジアゾウ**

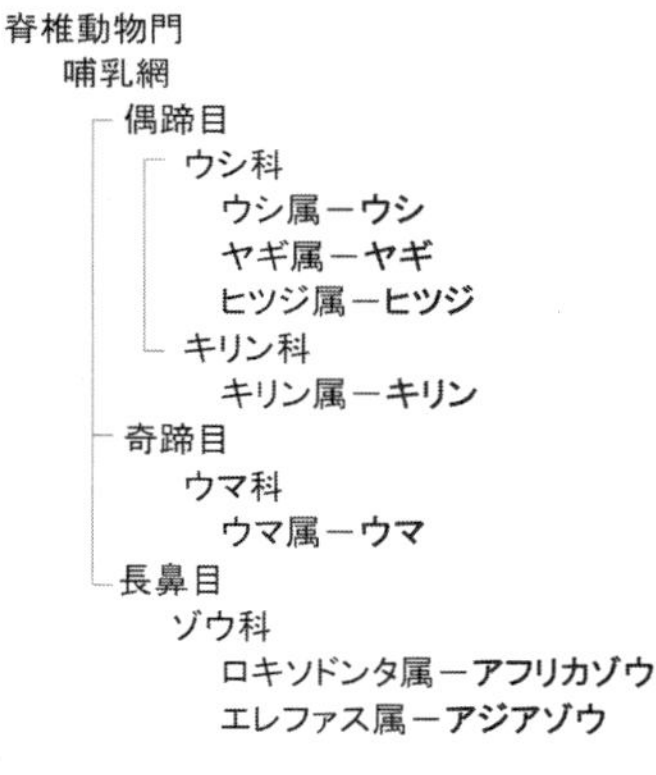

図２　おもな草食動物の生物分類学的位置

- 脊椎動物門
  - 哺乳綱
    - 食肉目
      - ネコ科
        - ヒョウ属
          - **ライオン**
          - **トラ**
          - **ヒョウ**
      - イヌ科
        - イヌ属－**オオカミ**
        - リカオン属－**リカオン**
      - クマ科
        - クマ属－**ホッキョクグマ**

図３　おもな肉食動物の生物分類学的位置

ます。獲物を実際に狩るのはメスで、狩りをするときは数頭で連係することが多く、獲物のそばに忍び寄り、周りを取り囲んでから飛びかかります。ライオンと違って単独で行動するトラの狩猟は、茂みに隠れて獲物に忍び寄り、あるいは待ち伏せて獲物を捕らえるといったゲリラ的な方法をとります。ホッキョクグマは、北極圏に生息し、アザラシや魚を捕食する、クマ属のなかで唯一の肉食動物です。ちなみに、ヒグマ、ツキノワグマは一般的に植物食で、食物のない冬季は飢えをしのぐために冬眠する動物です。

　肉食動物は生きている動物を狩り、その場で殺して食べるので、毒見をする必

図4　ウマとライオンの顔面（眼の位置、耳介の形態）

要はありません。反対に、草食動物は、草原に茂っているさまざまな種類の草のなかから、それが餌となるか、あるいは毒となるかを毒見しなければなりません。そのために味覚が発達し、『味蕾』（味覚受容体）の数は多く、1万5千～2万5千個もあります。これに対して、肉食動物の味蕾は少なく、約5百個くらいです。さらに味蕾の数ばかりでなく、ライオンやトラなどは甘味の受容体が変異しており、甘味を感じることができません。彼らは、生肉のうまみ成分（アミノ酸や核酸など）を十二分に感じることができ、甘味を感じなくても問題はなさそうです。

では、被捕食者である草食動物は、一方的に肉食動物の餌食になってしまうのでしょうか？　外敵から身を守るために、草食動物は耳を自由に動かす筋

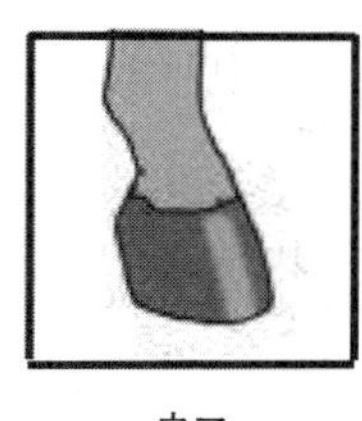

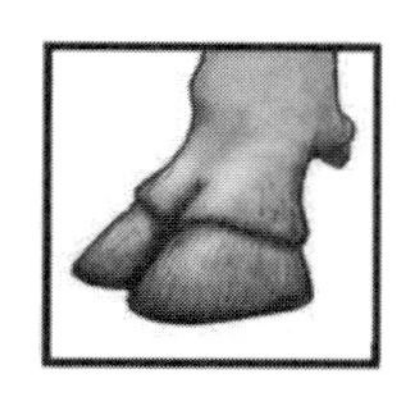

図５　奇蹄（左）および偶蹄目（右）の蹄の比較

肉『耳介筋』が発達していて、ウマではまるでレーダーのように左右別々に耳を１８０度動かすことができ、あらゆる方向からの音を聞いています。さらに眼は顔の横（側面）に位置しており、ほぼ３６０度に近い全方向を見渡すことができます（図４）。このようなものの捉え方は、外敵がどの方向から近づいてきてもわかるように発達したためです。最終的には外敵から素早く逃げるために、早く走る必要があります。ウシやウマの蹄は走るときにスパイクのはたらきをしています。ウマの蹄はひとつであることから『奇蹄目』（5本の指のうち、中指に当たり、他の指は退化）に、ウシの蹄はふたつに割れていることから『偶蹄目』（中指と薬指に当たり）に分類されています（図5）。

さらに、草食動物の子どもは、生まれてまもなく

図6　ヒツジの採草行動（Queenstown、NZ）

して歩けるようになり、外敵から逃れる術をすでに身につけています。

草食動物は、すべての草を均等に食べるわけではなく、多肉多汁な若草が最初に摂食されます。また、糞や尿で汚染された草の摂食を避け、内部寄生虫卵の摂食の機会を減らしています。

ウシやウマは、苦味物質が含まれている灌木や多くの植物の葉を避けて草を選んで摂取しています。しかし、ヤギは灌木や低木の葉も摂取しますし、草木を根こそぎ食べてしまいます。このことが砂漠化のひとつの要因として考えられています。

ヒツジは密集し群をなして採草する傾向があります（図6）。この行動は、ヒツジがオ

郵便はがき

料金受取人払郵便

中野局承認

6172

差出有効期間
平成30年5月
31日まで

164-8790

040

東京都中野区東中野4-27-37
(株)アドスリー
編集部 行

お名前 フリガナ（ ） ご年齢（ ）才 男・女
ご住所（〒 － ） TEL（ － － ） FAX（ － － ）
E-mail
ご所属

業種	□教育関係者 □研究機関 □医療関係者 □会社員 □学生 □その他（ ）	職種	□会社役員 □会社員 □教員 □研究員 □学生 □その他（ ）

ご購入いただき誠にありがとうございます。
お手数ですが、下記項目にご記入いただき弊社までご返送ください。

ご購入書籍名

本書を何で知りましたか？

□ 弊社図書　□ 弊社 HP　□ 雑誌およびメディア紹介　□ 広告
□ 書店　□ その他（　　　　　　　　　　　　　　）

本書に関するご意見をお聞かせください。

内容　（大変良い・普通・良くない）
　　　（わかりやすい・わかりにくい）
価格　（高い・適正・安い）
レイアウト　（見やすい・普通・見づらい）
サイズ　（大きい・普通・小さい）

［具体的に　　　　　　　　　　　　　　　　］

上記関連書籍で良くお読みになられる書籍（雑誌）

［　　　　　　　　　　　　　　　　　　　　］

関心のあるジャンル（最近購入したもの・今後購入予定のもの）

［　　　　　　　　　　　　　　　　　　　　］

今後、具体的にどのような書籍を読みたいですか？

［　　　　　　　　　　　　　　　　　　　　］

弊社発行の書籍およびシンポジウムの案内を送らせていただいております。
今後、案内等を希望されない場合には下記項目にチェックをしてください。

□ 希望しない

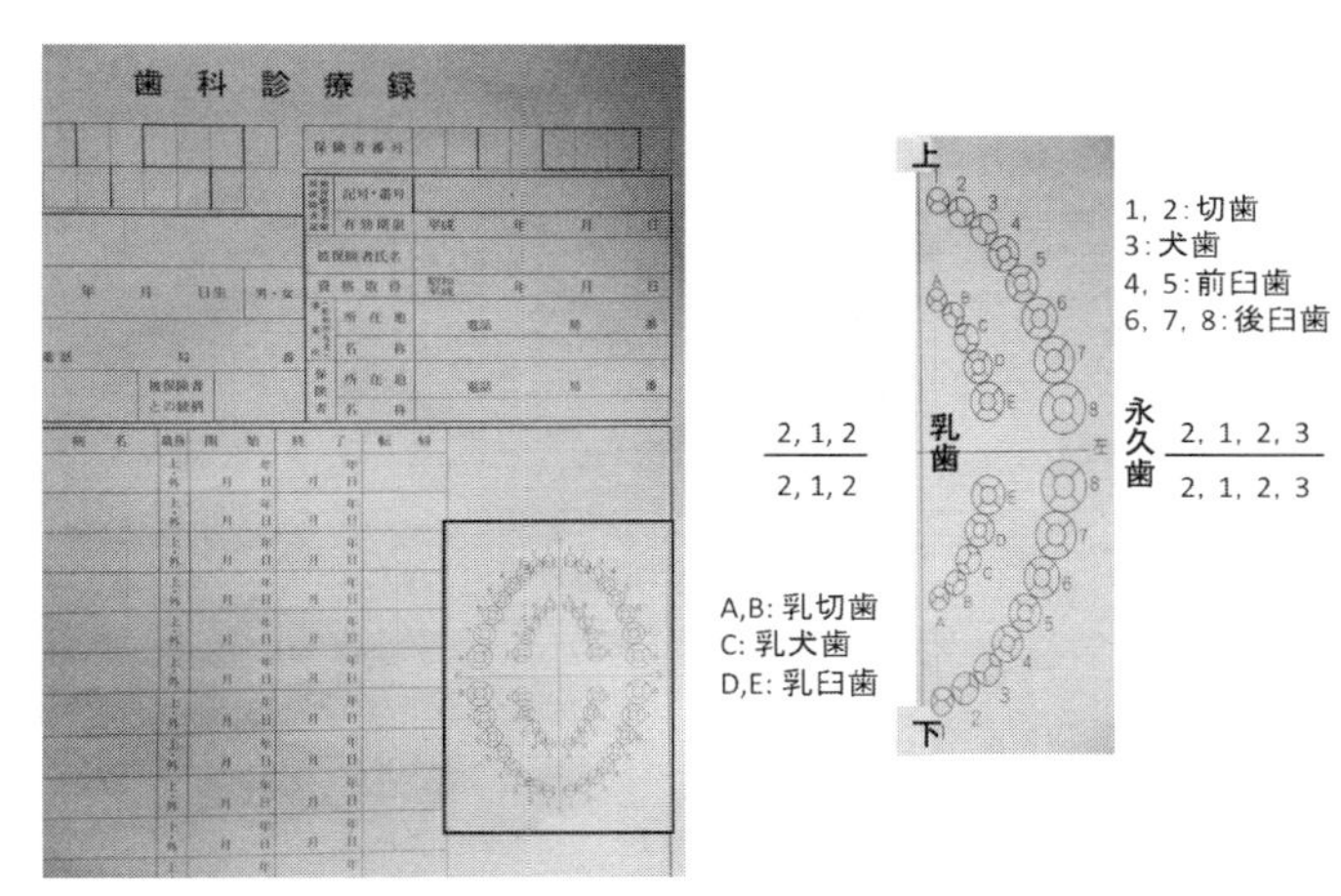

図7　歯科カルテ（永田歯科医院［山形県上山市］提供）

オカミなどの被捕食者であるため、群れのなかで草を採取するという安全な戦略をとっているのです。

2　食物の採取

食物の採取には、歯が重要な役割を担っています。

歯科カルテには、『歯式』（図7）が描かれています。見たことがありますか？　歯式とは、歯の種類および数を表す式で、通常、片側の上下の歯数を『切歯（門歯）』『犬歯』『前（小）臼歯』『後（大）臼歯』の順に並べて分数式に表示します。たとえば、ヒトでは（2・1・2・3）／（2・1・2・3）となります。おもな草食動物と肉食動物の歯式を表1に示し

表1　おもな動物の歯式

	切歯（門歯）	犬歯	前臼歯	後臼歯
草食動物				
ウシ	0/3	0/1	3/3	3/3
ヤギ・ヒツジ	0/4	0/0	3/3	3/3
ウマ	3/3	1/1※	3/3	3/3
キリン	0/3	0/1	3/3	3/3
アジアゾウ	1/0	0/0	0/0	3/3
肉食動物				
ライオン・トラ	3/3	1/1	3/2	1/1
オオカミ	3/3	1/1	4/4	2/3

※メスには犬歯がない

ます。

草食動物では、犬歯よりも切歯（門歯）がより発達しており（犬歯は一部の動物に見られる程度）、切歯で採草します。ウシでは上顎切歯がないため舌を使って草を巻き込むように、同じく上顎切歯のないヒツジでは上顎の歯板（歯肉の上皮が硬く厚く角質化）と下顎切歯で草をくわえ込むように、ウマでは上下切歯で草をくわえて引きちぎるように採ります。臼歯は大きく頑丈な臼（うす）状になっており、草をすりつぶすのに適した形をしています。

一方、肉食動物では、とくに犬歯がよく発達し、獲物を捕獲するために適しています。また、臼歯も尖って鋏のような咬合（かみあわせ）になっており、肉を裂いたり、骨を噛

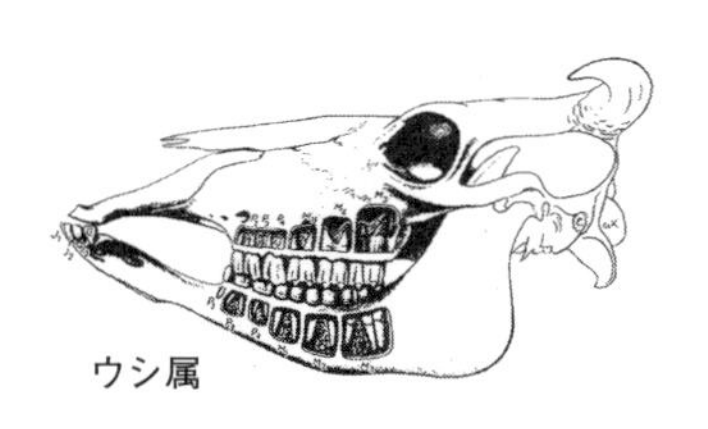

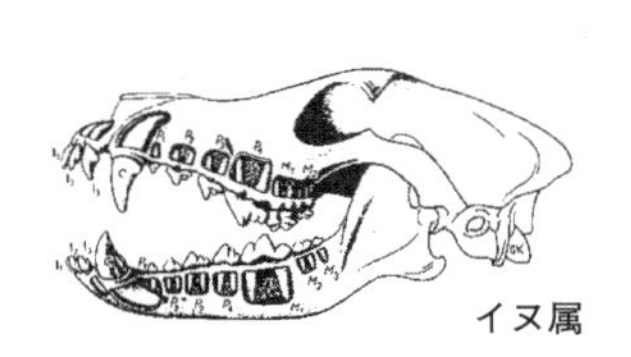

図８　草食動物（左）と肉食動物（右）の歯式の比較
（from Nicke R et al, 1979）

み砕いたりしやすい形になっています（図8）。

3　採食の調節

ヒトを含め、動物の採食量にはある限度があり、摂食カロリーと消費エネルギーの平衡が保たれています。これは、採食を促進する『摂食中枢』とこれを抑制する『満腹中枢』が『視床下部』にあって、採食を調整しているためです。採食による胃の充満、血糖や脂肪酸の増加、消化管ホルモン、その他の諸因子によって満腹中枢は興奮し、摂食中枢は抑制します。その結果、動物は適量の餌を採ると満腹感となり採食を停止します。

野生動物は、必要な餌を得るために、常に

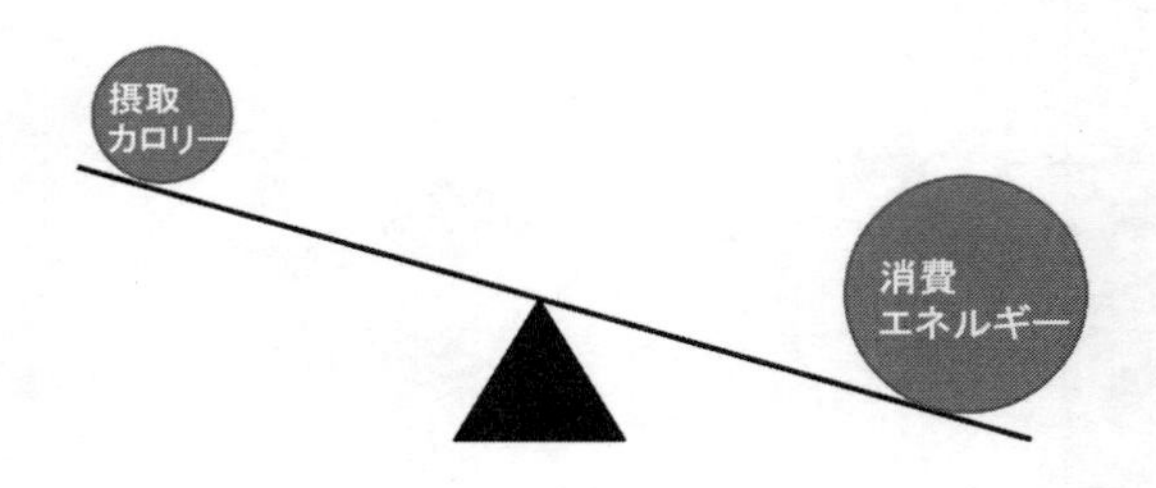

図9　野生動物の摂取カロリーと消費エネルギーの関係
（摂取カロリー　<　消費エネルギー）

多くの時間とエネルギーを費やしています。

さらに、自然界では干ばつにより、草原の消失などの被害がしばしば発生します。すると、草を餌としている草食動物、ひいては肉食動物の死活問題となります。つまり、野生動物においては摂取カロリーが消費エネルギーを上回ることはまれなことです（図9）。自然界では、捕食者や肉食動物から逃れなくてはならない草食動物と、素早く動き回る草食動物を捕らえなければならない肉食動物の各々にとっても肥満は危機的な状態と言えます。

しかし、クマなどの冬眠する動物では、長い冬を越すために脂肪の蓄積が必要となり、一時的に過食となり肥満を呈します。

ちなみに、ゴキブリ研究の第一人者である

小松謙之博士（株式会社シー・アイ・シー研究開発センター）によると、実験室で飼育しているカ、ノミ、（ドク）ガ、ゴキブリ、ハエ、シロアリ、ダニ、トコジラミなどの衛生害虫にも過食や肥満を示す個体は観察されていないとのことです。

摂食の調節については、第2章「実験動物に見るダイエット」で詳しく見ていきます。

消化器の構造と消化機能

ヒトの消化器系について図10に示します。とくに、胃、大腸（盲腸、結腸、直腸）を眺めてください。

1　反芻動物の胃の構造と消化

草食動物のうち、ウシ、ヤギ、ヒツジなどは『反芻動物』とよばれています。『反芻』とは、一度飲み込んだ食物を再び口腔に戻し、噛み反して再び飲み込むことです。

反芻動物の主要なエネルギー源となるのは、草の炭水化物で、これはデンプンなどの可溶性糖類と『セルロース』『ヘミセルロース』『リグニン』などの繊維成分と言われる物質です。しかし、ヒトやあらゆる動物には繊維質を分解する消化酵素がありません。では、どのようにして草の繊維質をエネルギー源としているのでしょうか?

反芻動物の最大の特徴は、4つの胃（第1胃、第2胃、第3胃、第4胃）を持つ複胃動物で、このうち第1胃（ルーメン）が最大で4つの胃全体の約80パーセントに達します。

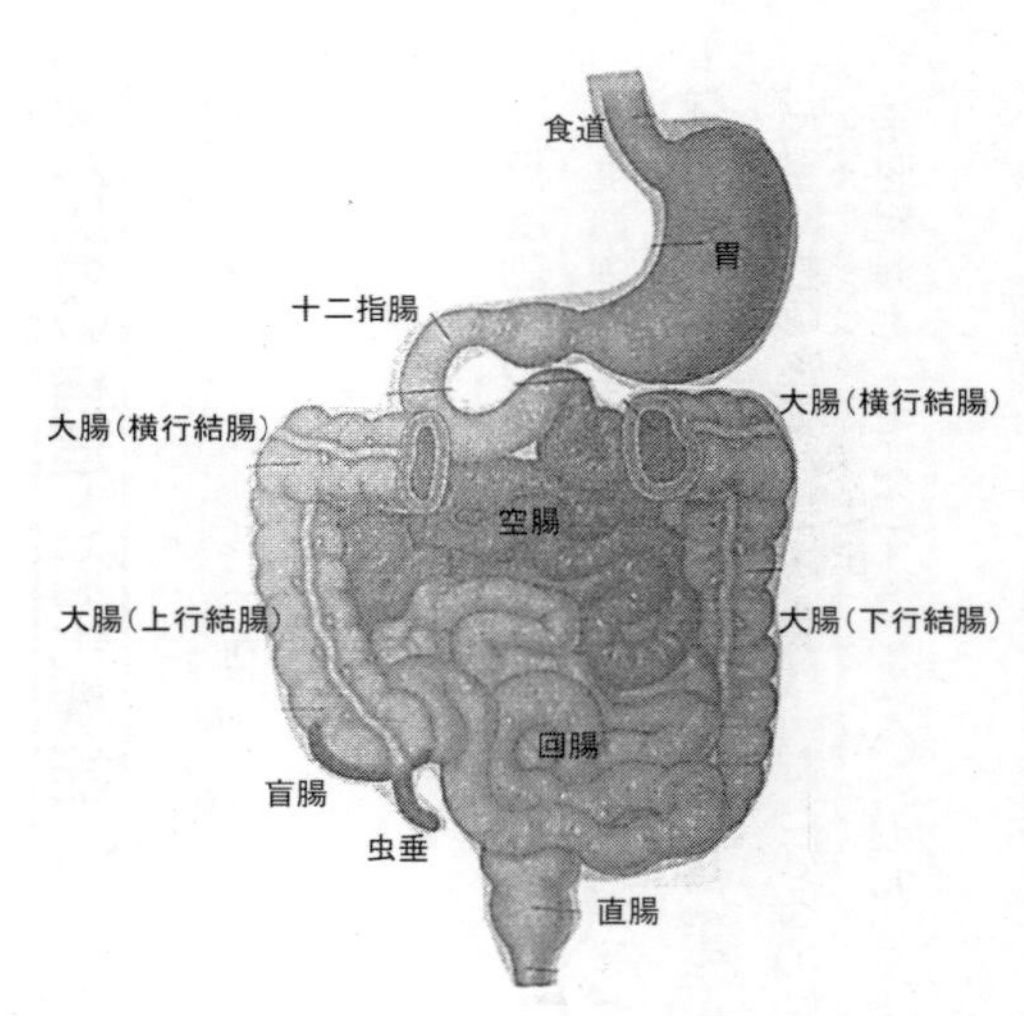

図10　ヒトの消化器系

採食された植物は第1胃で撹拌、混合されるとともに、そこに棲んでいる多くのバクテリア（細菌）やプロトゾア（原生動物）などによって発酵、分解され、第2胃の収縮で再び口腔に戻されて噛み反しが行われます。これが数回繰り返され、十分に細かくされて第3胃、第4胃へと送られていきます（図11）。このように第1胃は発酵槽としてはたらいているわけですが、第1胃で行われている微生物による発酵そのものが反芻動物

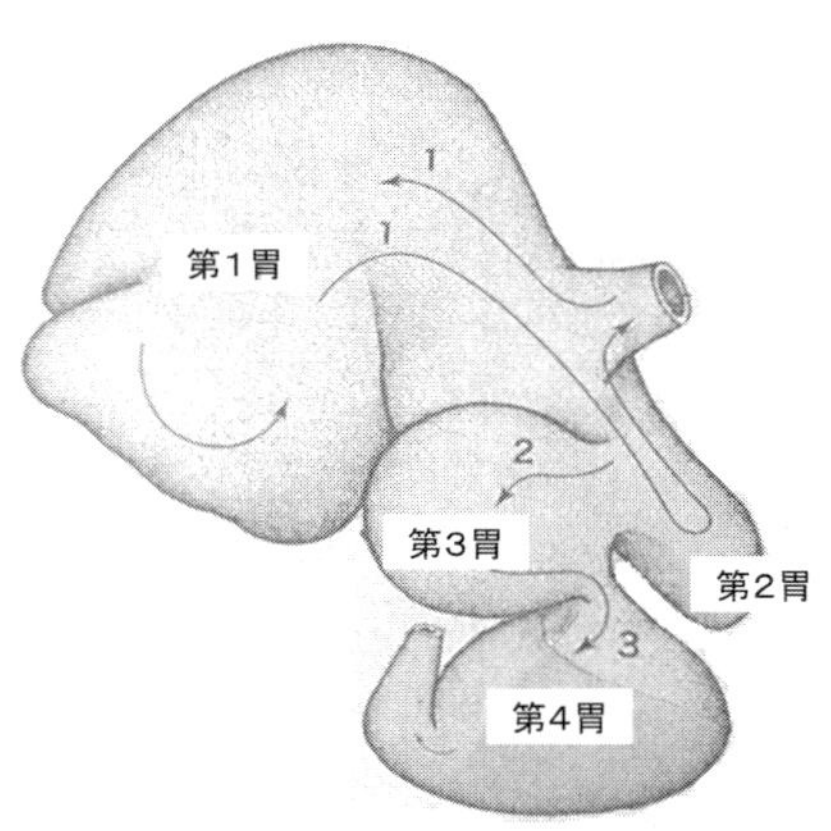

図 11　ウシの複胃（模式図）
食塊は矢印（1～3）の方向に運ばれる。

の消化の特徴と言えます。

　ルーメン内のある微生物が持つ『セルラーゼ』（セルロース分解酵素）やその他の何種類かの酵素のはたらきによって『グルコース』になります。そして最終的には『酢酸』『プロピオン酸』『酪酸』を主体とする『揮発性脂肪酸』（VFA）と『メタン』になります。ヒトのおもなエネルギー源はグルコースですが、反芻動物ではVFAがルーメン壁から吸収され、血液を介してそれぞれの組織に送られてエネルギーとして利用されます（図12）。

　植物性の食物は、低タンパク質ではありますが、第4胃で『ペプシン』などのタンパク質分解酵素によりアミノ酸とアンモニアに分解されます。ルーメン微生物はこのアンモニ

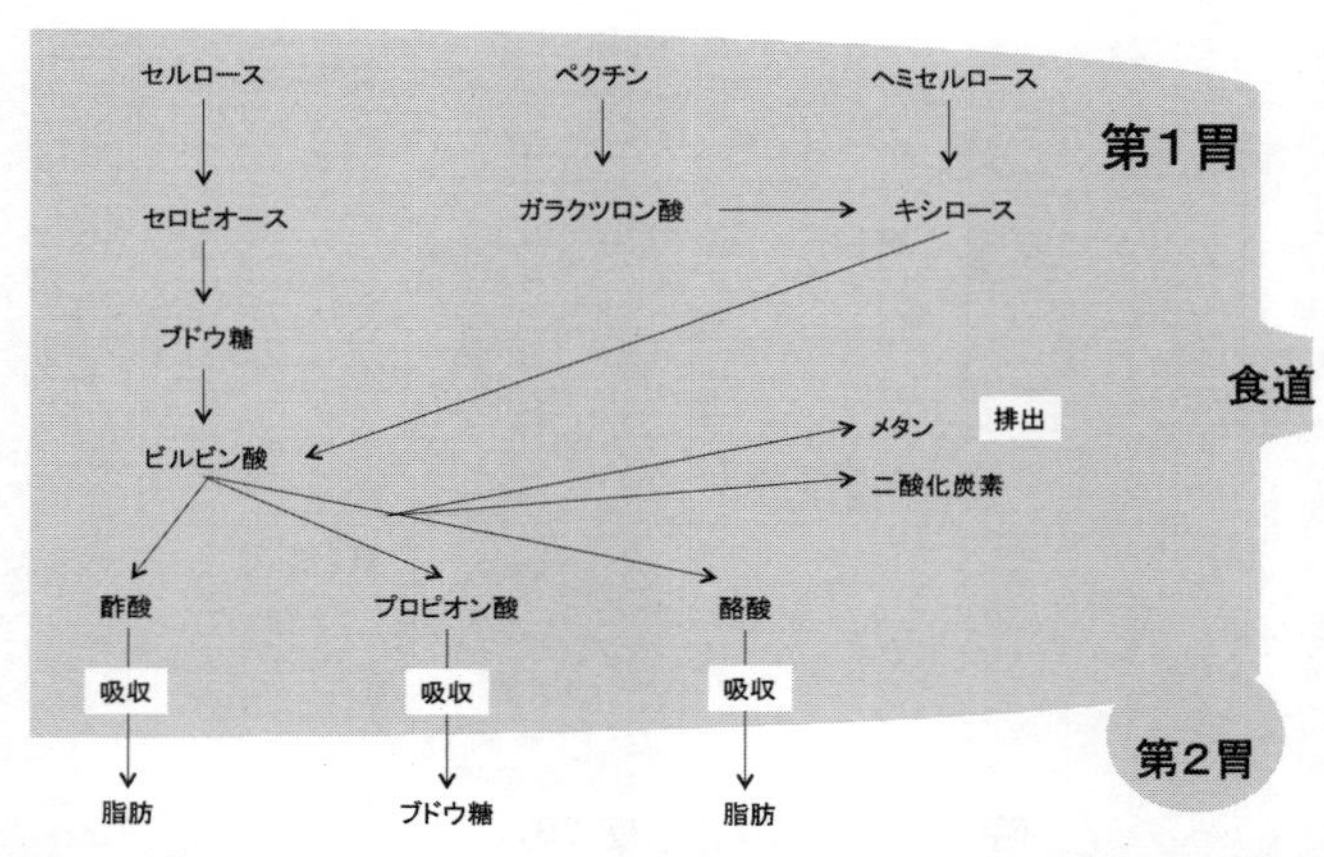

図12　第1胃におけるセルロースの分解（微生物によるルーメン発酵）

アを体内に取り込んで『菌体タンパク質』を合成し、さらに尿素や遊離アミノ酸などの非タンパク態窒素化合物をアンモニアに分解して菌体タンパク質の合成も行っています。菌体タンパク質は、小腸でアミノ酸に分解され、吸収されます。これらは反芻動物にとって貴重なタンパク源となります。

このように、反芻胃を用いて微生物発酵を行ってエネルギーを得ている動物は『前胃発酵動物』ともよばれています。

2　ウマの大腸の構造と消化

ウマも草食動物です。しかし、反芻動物と異なり、発酵槽であるルーメンを持たない、ヒトと同じ『単胃動物』です。その代わりに、

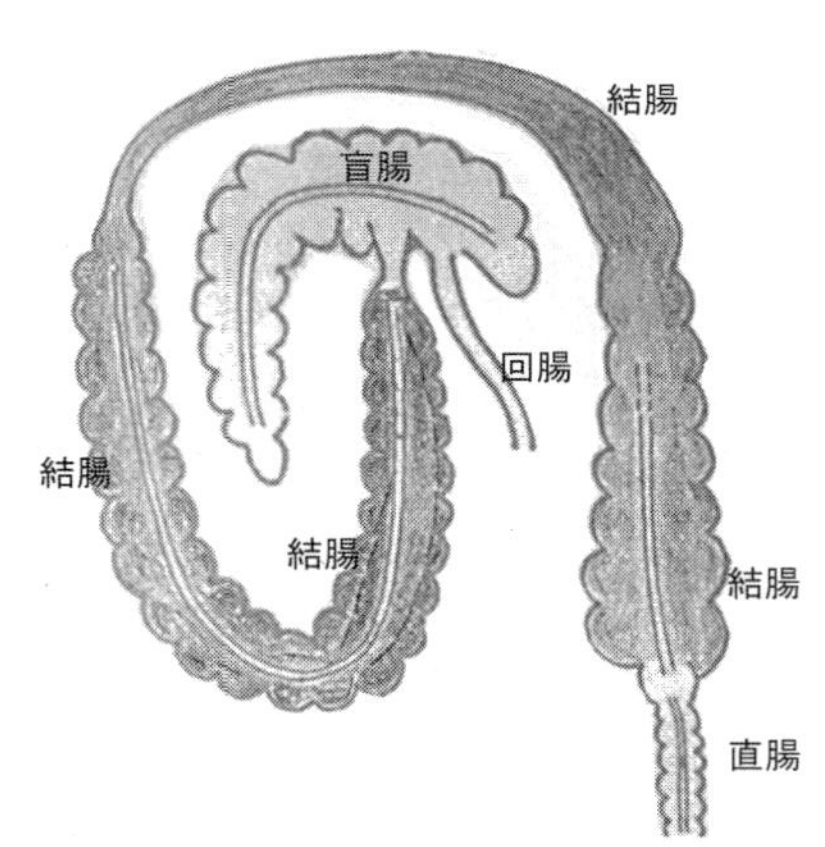

図13　ウマの大腸（模式図）

ウマは大きな大腸が発達しています（図13）。この大きな大腸でウシのルーメンと同じような微生物発酵が行われているのです。

小腸では、デンプンや糖、脂肪の一部、タンパク質が消化吸収されますが、植物繊維は大腸にそのまま送られます。大腸はとても大きく、盲腸の長さが1メートル、大結腸と小結腸合わせて約7メートルもあり、ウシの反芻胃に匹敵する巨大な発酵槽になっています。セルロース、ヘミセルロース、ペクチンなどは大腸に棲む微生物の発酵分解作用でVFAとなり、腸管壁から吸収されて血管に運ばれます。

このように、大腸で微生物発酵を行ってエネルギー源を得ている動物は『後腸発酵動物』

ともよばれています。ウサギもこれに属します。

排泄行動

『排泄』は、食物を摂取するかぎり、どの動物にも見られる生理的な現象です。哺乳動物における排糞と排尿の様式は摂食行動と同様に動物種によってさまざまであり、食物の種類に関連しています。

草食動物は頻繁に排糞し、その回数はウシでは1日当たり十数回、ウマでは約10回程度ですが、肉食動物は少なく1日に2、3回の排泄が見られます。また、排泄する場所についても異なっているようです。なわばりを持たず、広い範囲を移動するウシ、ヒツジ、ヤギなどは、排糞、排尿する場所が散在しているのに対して、なわばりをつくるいくつかの肉食動物は、巣穴などから離れた場所で糞や尿をする排泄行動が見られます。つまり、糞中に含まれる虫卵を介して伝播する腸管内寄生虫に対する防御反応を反映していると考えられています。

糞をする際に見られる姿勢について、ウシでは尾を挙げて横にずらし、背を弓形に丸

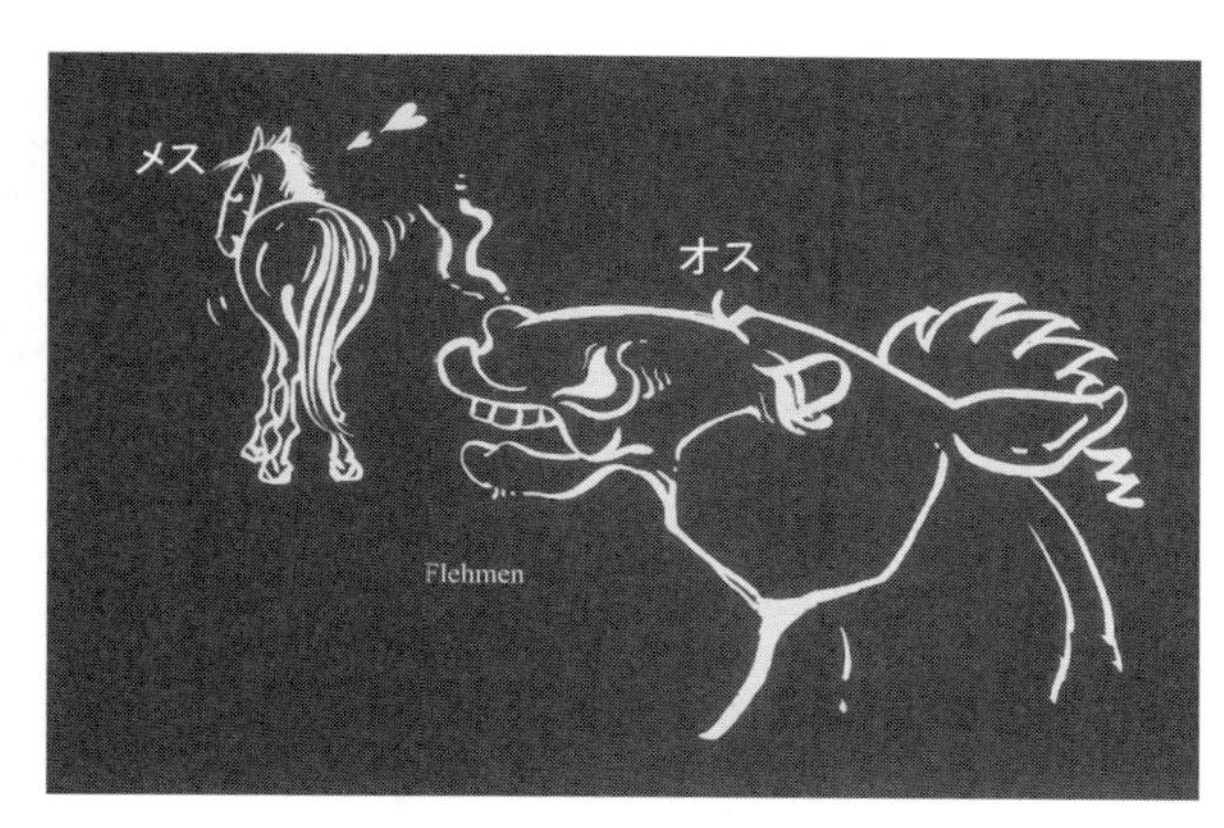

図14　ウマのフレーメン（古仁所原図）

め、後肢を少し前方に出します。この姿勢によって皮膚が糞で汚染されるのを防いでいます。ヒツジやヤギでは糞が小球であるために皮膚につくことはなく、特別な姿勢をとることはありません。

尿に関連して、「ウマが笑う」光景（図14）を見たことがありますか？　頭を持ち上げ、上唇を巻き上げる、まるで笑っているような表情が見てとれます。これは『フレーメン（flehmen）』とよばれ、ウマのみならず、ウシ、ヒツジ、ヤギなどにも見られます。フレーメンはメスの尿や膣分泌物に含まれている不揮発性の性フェロモンを口腔内に取り込むための行動です。つまり、オス動物はメスの尿によって性的興奮が生じます。

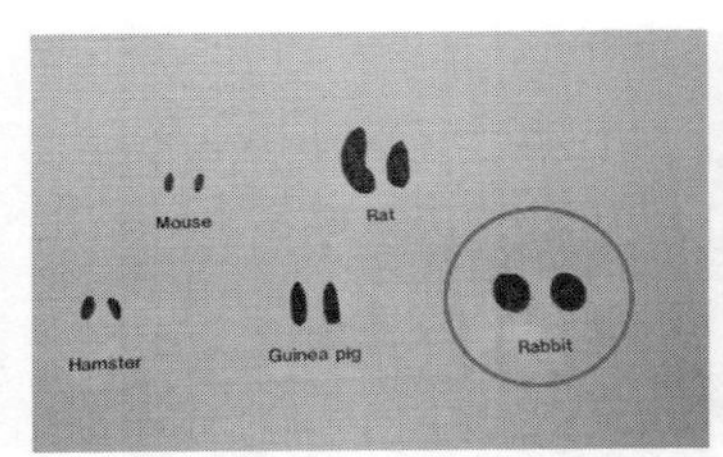

図 15　ウサギの硬便（左○）と軟便（右）

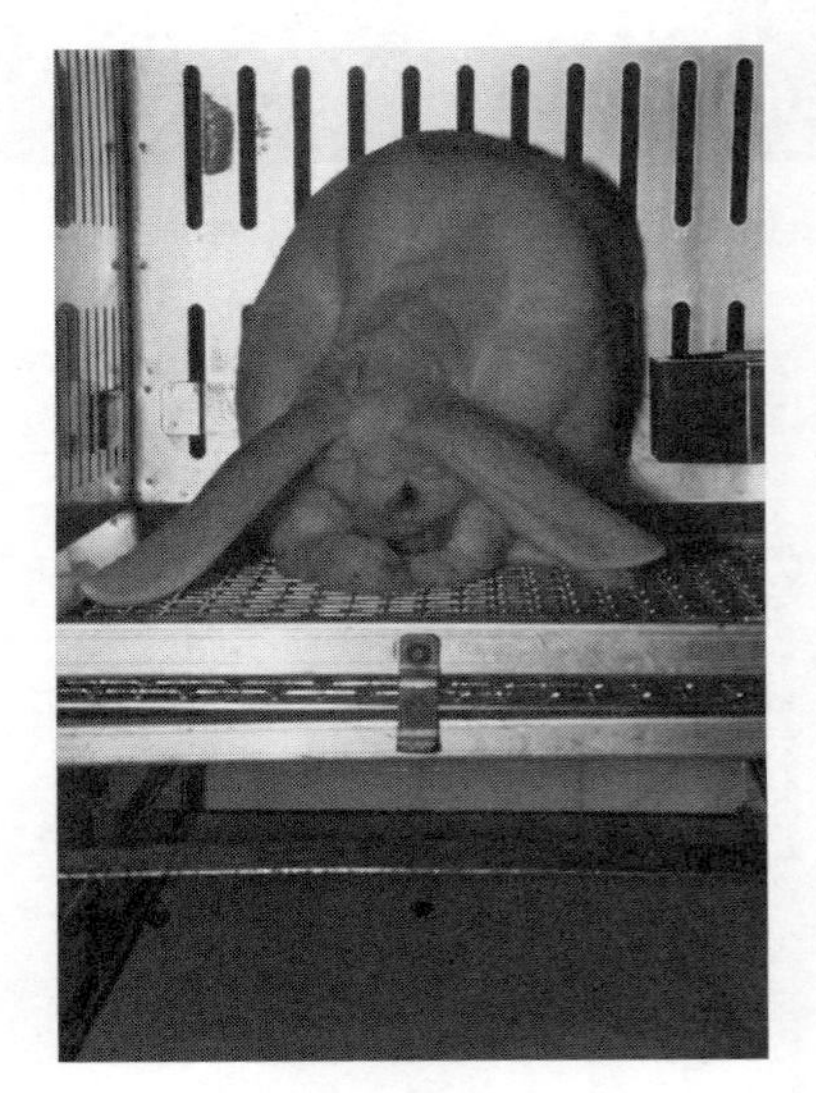

図 16　ウサギの糞食行動

糞に関連して、ウサギの『糞食行動（coprophagy）』を見たことがありますか？ウサギの糞には昼間に排泄される丸くて硬いもの（硬便）と夜間から朝方にかけて排泄される粘膜を被った柔らかいもの（軟便）とがあります（図15）。ウサギは、軟便を肛門から直接採って食べること（図16）によって、タンパク質、ビタミンB群および灰分などの栄養素の再吸収を行っていると考えられています。その他の動物の糞食行動およびその行動の意義については、残留農薬研究所の海老野耕一博士のレビュー[1]に網羅されています。

参考文献

1　Ebino KY: Exp. Anim., 42 : 1-9, 1993.

参考図書

・今道友則ほか 監訳：デユークス生理学─上巻─，学窓社，1990.
・木村武二 監訳：オックスフォード動物行動学事典，どうぶつ社，1993.
・山倉慎二：内科医からみた動物たち，講談社ブルーバックス，2002.

・森裕司，竹内ゆかり，内田佳子：動物行動学，インターズー，2012.
・斎藤徹 編著：性をめぐる生物学，アドスリー，2012
・斎藤徹 編著：味と匂いをめぐる生物学，アドスリー，2013.
・上田恵介ほか 編：行動生物学辞典，東京化学同人，2013.
・谷口和之，福田勝洋 訳：ケント脊椎動物の比較解剖学，緑書房，2015.

第2章 実験動物に見るダイエット

はじめに

厳しい環境下で暮らしている野生動物には、肥満は見られていません。一方、ヒトにおいては、アメリカでは成人の33パーセントが肥満であると言われています。また、日本でも肥満者は確実に増加傾向をたどっています。

肥満は、糖尿病や心臓病などの合併症をもたらすことからも、深刻な問題となっています。なぜ、ヒトは肥満で苦しむことになったのでしょうか？　肥満に影響を及ぼす食事や運動習慣以外に、遺伝子の存在が注目されるようになりました。

本章では、主として実験動物、あるいは動物実験から得られたデータを基に、食欲と体重の調節のしくみ、肥満にかかわる遺伝子について見ていきます。

動物実験と実験動物

ここで、動物実験と実験動物について説明します。実験動物学の一般的な教科書には、次のように定義されています。

「動物実験とは動物を利用して情報を得る手続きである。実験に当たっては、一般には動物に対して何らかの処置が加えられるので、ある処置に対する動物の反応を読み取る手続きと動物実験を定義したほうが実際的である」

具体的な例を挙げて補足説明しますと、動物実験とは、ヒト医学のために実験動物を用いて疾病の原因や治療効果、薬の効果や安全性などを研究する科学実験です（図1）。動物実験も科学である以上、その結果については再現性と均一性が求められます。

では、実験動物とはどのような動物でしょうか？

「実験動物とは、研究、検定、診断、教育などの科学上の目的のために作出され、あるいは馴化され、合目的に維持、繁殖される動物と定義される」

実際に、実験動物とは、ヒトが飼育（餌・水の給与、ケージ交換など）や管理（病気の感染防御、交配など）を行っている動物と言えます（表1）。

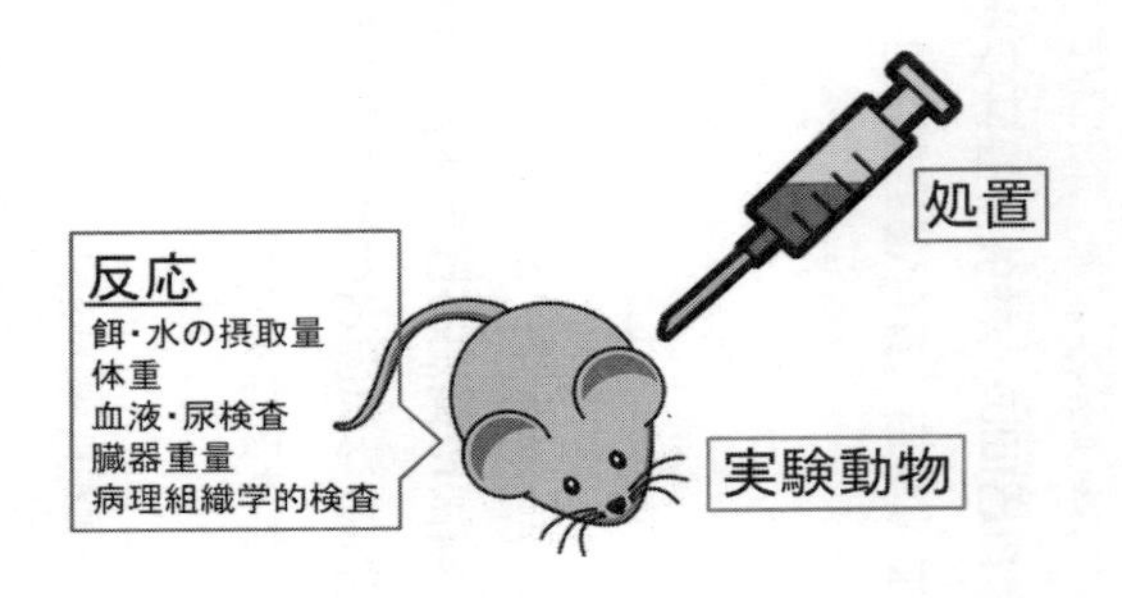

図１　動物実験の形式
動物に何らかの実験処置を加えて、動物の反応を観察する。

表１　実験動物とは？

- 生まれた段階からケージ内飼育されている。
- 生まれた段階から固型飼料で飼育されている。
- 温度、湿度、照明、換気など一定の環境下※で飼育されている。
- 実験処置が与えられる。
- 最終的に安楽死させられる。

※動物室の環境制御目標値
温度：21－27℃、湿度：45－55%、照明：75－300lx、換気回数：5－15回／時

脊椎動物門
　哺乳綱
　　ゲッ歯目
　　　ネズミ科
　　　　ハツカネズミ属－**マウス**
　　　　クマネズミ属－**ラット**
　　　キヌゲネズミ科
　　　　メソクリセタス属－**シリアンハムスター**
　　　　クリセタラス属－**チャイニーズハムスター**
　　　　スナネズミ属－**スナネズミ**
　　　テンジクネズミ科
　　　　テンジクネズミ属－**モルモット**
　　ウサギ目
　　　ウサギ科
　　　　アナウサギ属－**ウサギ**
　　　ナキウサギ科
　　　　ナキウサギ属－**ナキウサギ**

図２　おもな実験動物の生物分類学的位置

図2に、おもな実験動物の生物分類学的位置を示します。マウスとラットの分類学的位置は、脊椎動物門―哺乳綱―ゲッ歯目―ネズミ科まで同じですが、属は両者で違います。マウスではハツカネズミ属、ラットではクマネズミ属です。ハムスター類（シリアンハムスター、チャイニーズハムスター）はゲッ歯目―キヌゲネズミ科に、モルモットはテンジクネズミ科にそれぞれ分類されます。

マウス、ラットの特性

食料品、医薬品、化粧品などの安全性試験を始め、多くの動物実験に用いられている実験動物には、マウスとラットが筆頭に挙げら

表2 マウスとラットの特性

	マウス	ラット
染色体数（2n）	40	42
寿命（年）	2〜2.5	2.5〜3
成体重（g）	♀ 20〜35	200〜400
	♂ 25〜40	500〜700
歯式	(1, 0, 0, 3)/(1, 0, 0, 3)	(1, 0, 0, 3)/(1, 0, 0, 3)
体温（℃）	36.5〜38.0	37.5〜38.5
呼吸数（回/分）	100〜200	70〜110
心拍数（回/分）	300〜800	300〜500
摂餌量（g/日）	4.0〜6.0	15〜20
摂水量（mL/日）	4.0〜6.0	24〜45
春期発動*（週）	5	6〜8
性周期（日）	4〜5	4〜5
妊娠期間（日）	18〜20	21〜23
出生時体重（g）	0.5〜1.5	4〜5
哺乳期間（週）	3	3
離乳時体重(g)	10	40〜50

＊メスでは膣開口、オスでは精巣下降、陰茎の形状変化などの外部徴候が見られる。

れます。本章でも、マウスやラットから得られた情報を紹介しています。マウスとラットの各々の形態および機能的な特性を表2に列記します。

実験動物の食物（飼料）

実験動物に給与される飼料は、動物実験に用いられる以上、栄養成分を一定にして、選り好みができないようにする（原料を粉砕して混合）必要があり、加えて動物の栄養要求を完全に満たす飼料であることも重要です。

日本における飼料は、動物種別に、

表3 天然材料を主成分としたラット、マウス用飼料（NIH-07）※

	飼料中％		飼料中％
乾燥スキムミルク	5.00	ビール酵母	2.00
魚粉（60％タンパク）	10.00	乾燥糖蜜	1.50
大豆粕（49％タンパク）	12.00	大豆脂	2.50
乾燥アルファルファ（17％タンパク）	4.00	塩化ナトリウム	0.50
		リン酸カルシウム	1.25
とうもろこしグルテンミール（60％タンパク）	3.00	粉砕石灰	0.50
		ビタミン・ミネラル（混合物）	0.25
粉砕とうもろこし	24.50		
粉砕小麦	23.00	総　計	100.00％
小麦（二級品）	10.00		

※ Knapka, 1974 一部改変

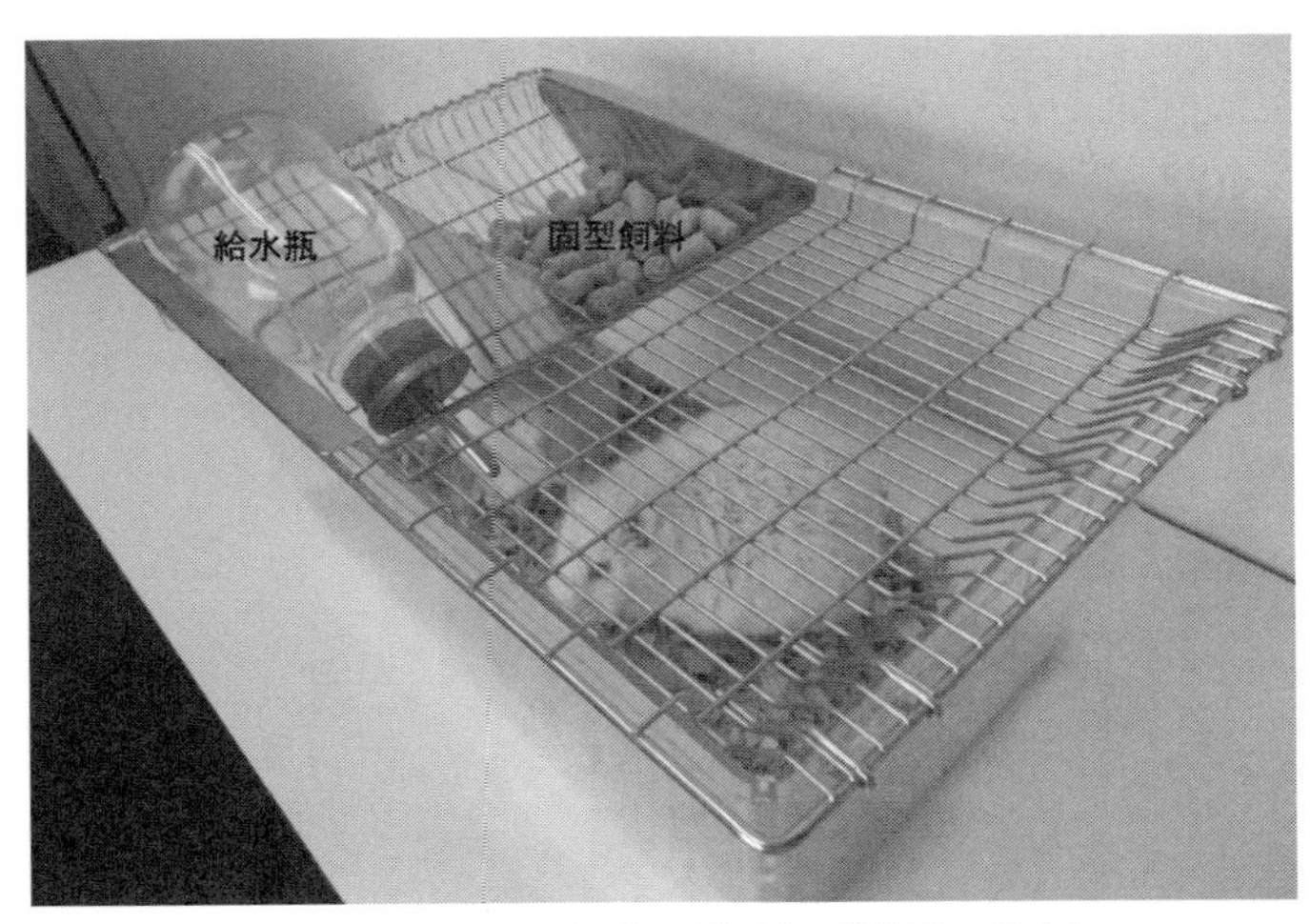

図3 ラットの飼育（固型飼料、飲料水の給与）

飼育用、繁殖用および特殊用などの用途別に製造された固型飼料が市販されており、前述の要求をほぼ満たし、かつ国際的な基準（NIH—07）（表3）に合致しています。固型飼料はステンレス製の給餌器で、給水は給水器で実験動物に給与されます（図3）。以下では、実験動物の摂食行動について、生理的適応、薬物および遺伝子の観点より見ていきます。

摂食行動の様式と適応

1　摂食行動と生理的適応

①性差　Sex Difference

ヒトを含む多くの哺乳動物では、体重、体組成に関して顕著な性差があります。多くの種ではオスはメスより体重が重く、筋肉量が多く、脂肪量が少ないと言われています。ラット（Sprague-Dawley, Wistar, Wistar-Imamichi系：ラットの代表的な系統。計画的な交配方式によって維持されている動物群で、一般にその動物が共通の何らかの特徴を備えている。たとえば、Wistar-Imamichi系はWistarを起源にして、今道が

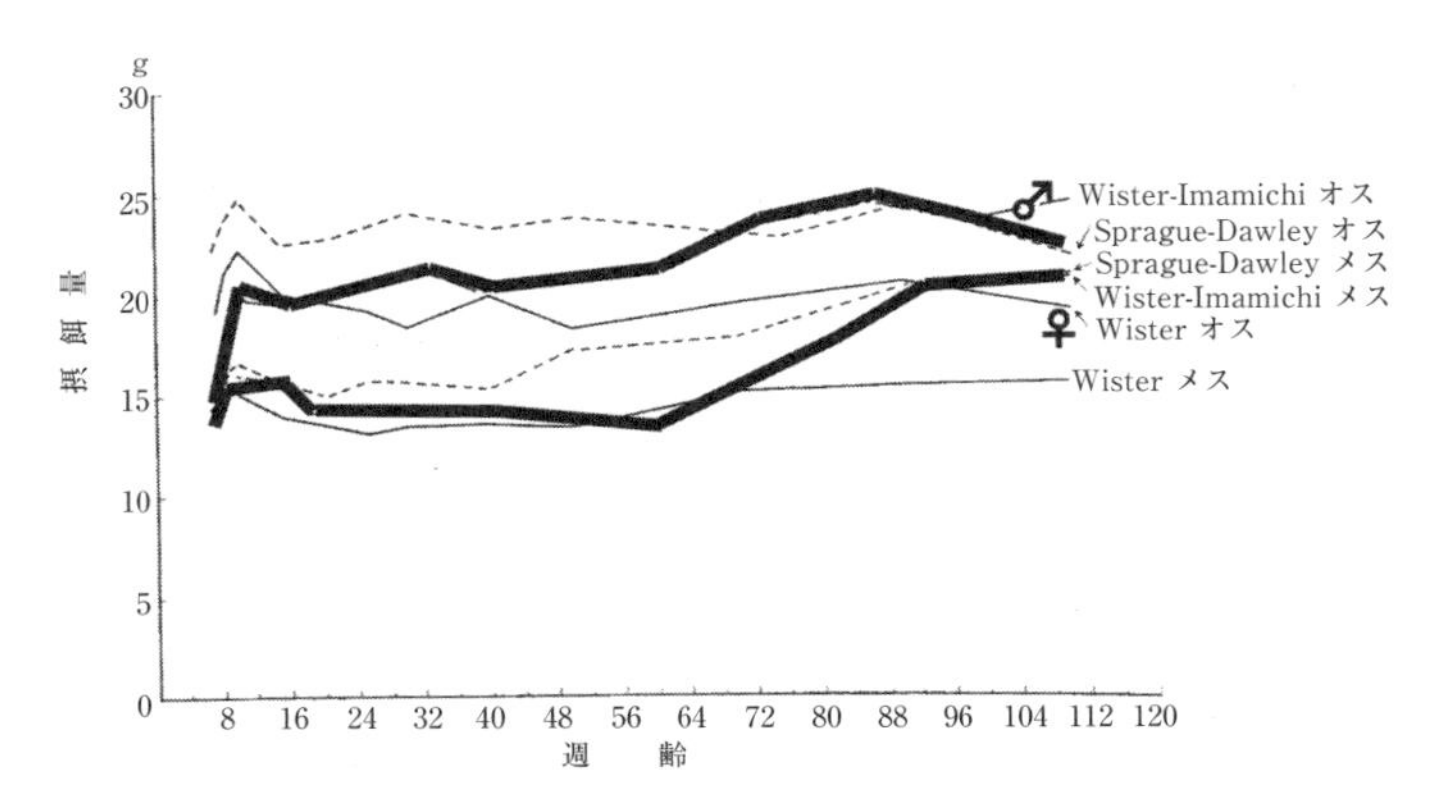

図4　ラットの加齢に伴う摂餌量の変化（g/day）（若藤原図）
（Wistar-Imamichi 系ラットを代表として強調）

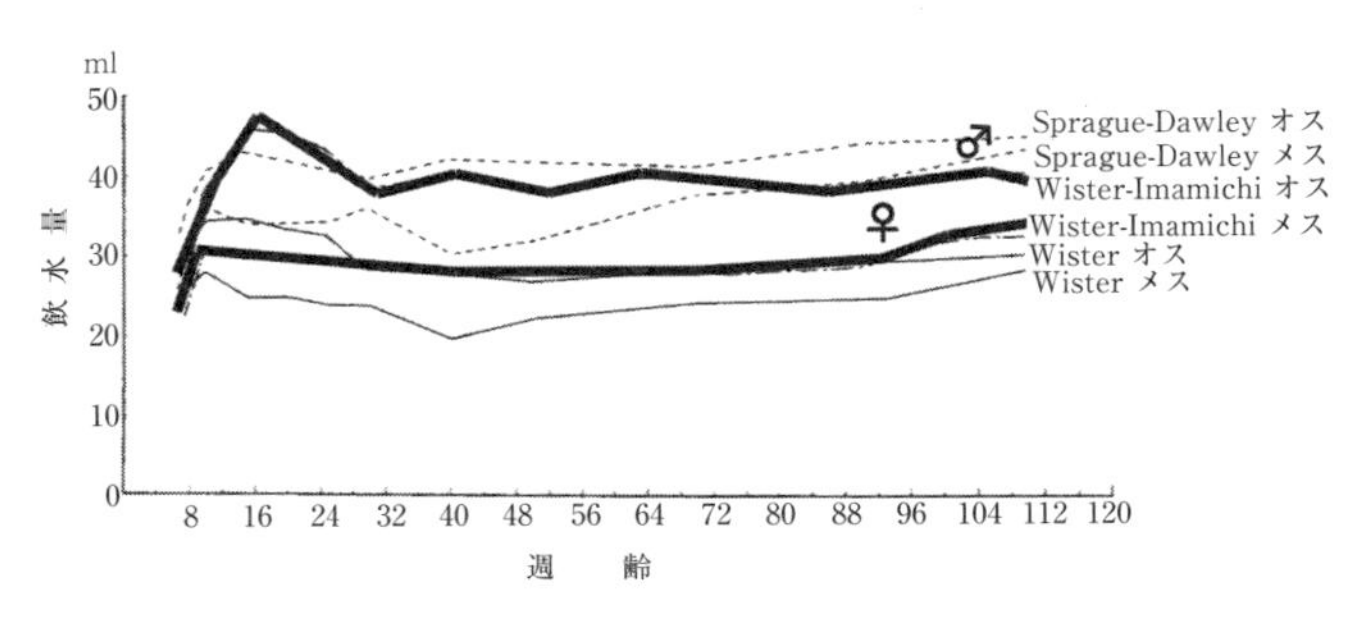

図5　ラットの加齢に伴う飲水量の変化（mL/day）（若藤原図）
（Wistar-Imamichi 系ラットを代表として強調）

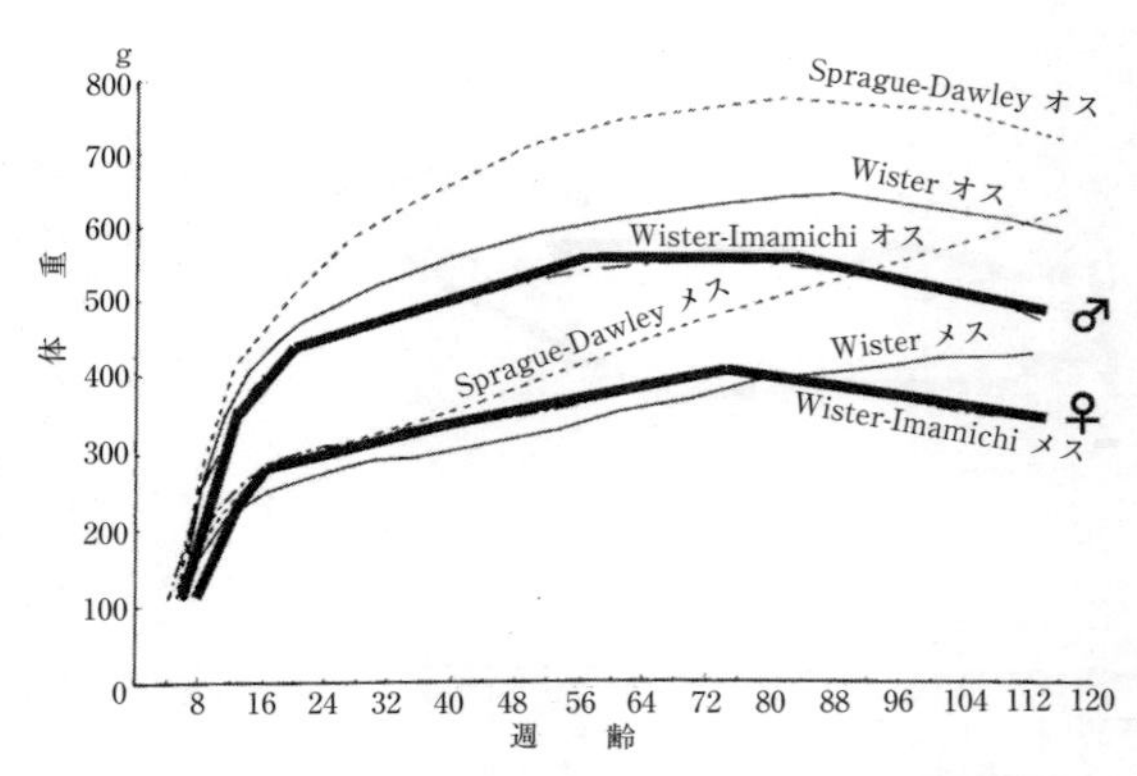

図６　ラットの加齢に伴う体重（g）（若藤原図）
（Wistar-Imamichi 系ラットを代表として強調）

4日性周期、繁殖力大、早熟、内分泌臓器重量の均一化、性質温順などを指標に選抜育成した系統）の一生涯において、オスはメスに比べて摂餌量および飲水量が多く、体重が重いことが明らかにされています（図4〜6）。

去勢（精巣摘出）した場合に、摂食量の低下が起こりますが、アンドロゲンを注射すると、摂食量は回復します。つまり、オスではアンドロゲンが摂食行動に対して促進的にはたらいています。

一方、エストロゲンは摂食行動に抑制的にはたらきます（図7）[1]。メスではエストロゲンが肝臓や脂肪組織の代謝を変化させるためだと考えられています。

次に、甘味に対する性差について見てみま

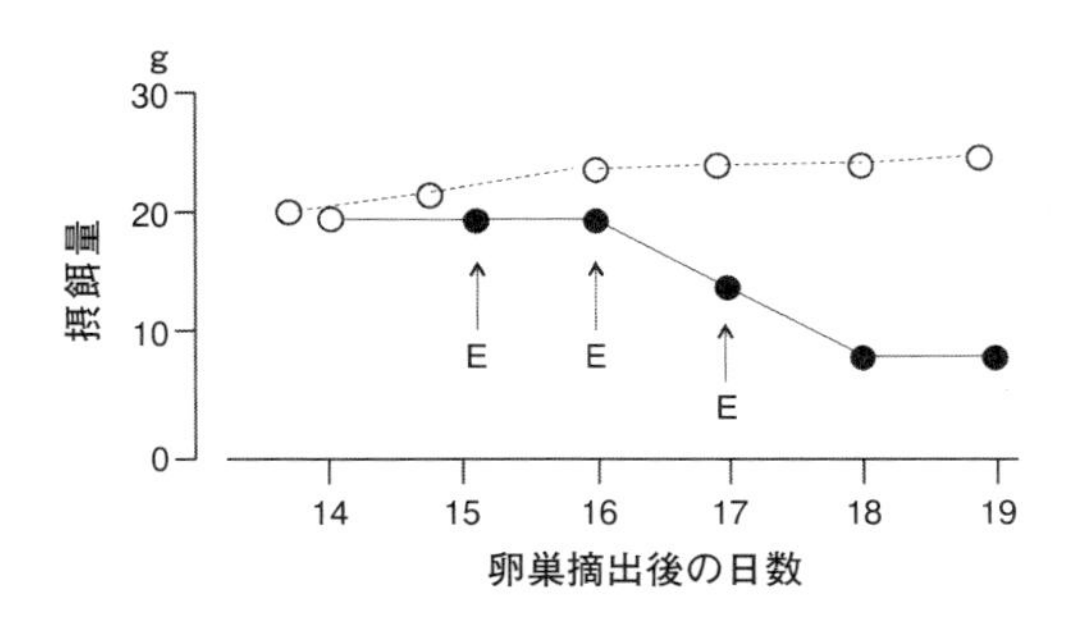

図7　卵巣摘出ラットの摂餌量に対するエストロゲン（E）投与の効果

しょう。一般に、女性は甘いものに目がないと言われていますが、本当にそうでしょうか？

私たちの研究室で次のような実験を行いました。オス、メスラットにショ糖溶液を給与し、蒸留水よりも多くのショ糖溶液を摂取した際の閾値濃度を比べてみたところ、メスは１Ｗ／Ｖパーセントで、オスは３Ｗ／Ｖパーセントでした（図８）。つまり、メスラットはオスより甘味に対する感受性が高く、メスラットも女性と同じように甘党と思われます。では、メスラットの卵巣を摘出すれば、甘味の感受性に変化が生じるのでしょうか？卵巣摘出ラットは正常ラットよりもショ糖溶液の摂取量が明らかに減少しますが、卵巣摘

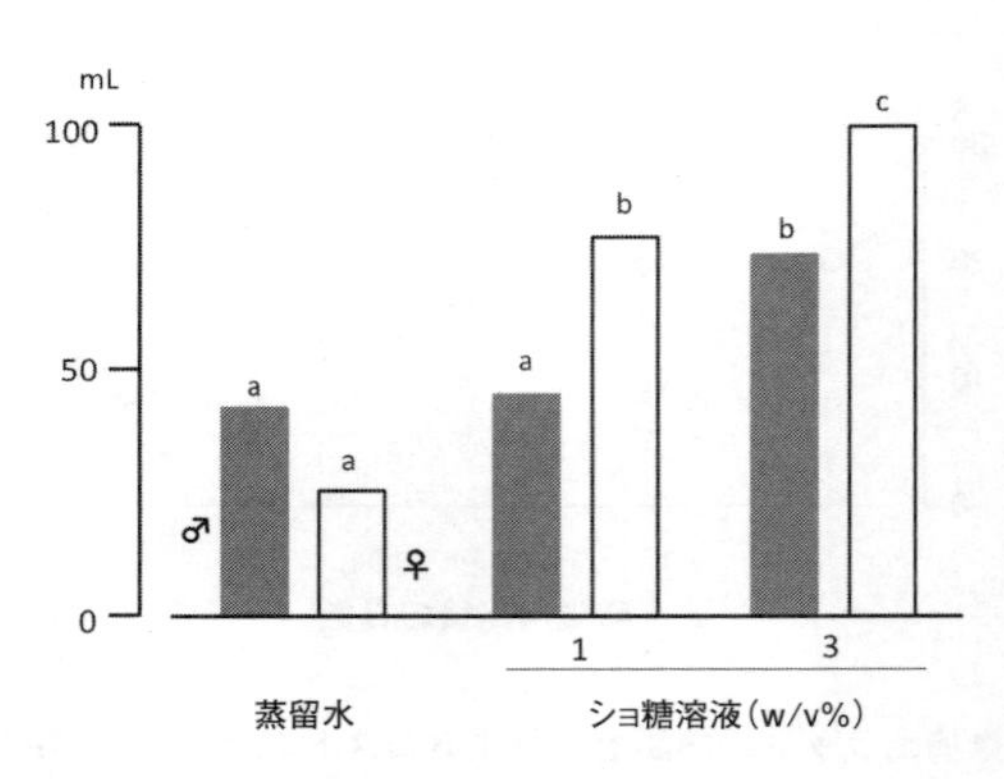

図8　ラットのショ糖溶液に対する摂取量（mL/day）
（異なるアルファベット間に有意差あり）

出ラットにエストロゲンとプロゲステロンを投与すると、再び正常メスと同じようにショ糖溶液の摂取量が増加するようになります。

このことから、成体メスラットの甘味の嗜好性は卵巣ホルモンによって調整されていることがわかります。しかし、最近では甘味に対する好みの性差は、遺伝的に決定されたものでなく、脳の性分化によって決まるのではないかと推測されています（「性をめぐる生物学」アドスリー、参照）。

②性周期（発情周期）　Estrous Cycle

多くの動物では、摂食行動は性周期（発情周期）に伴って変化します。どのような変化が生じるのでしょうか？　私たちの研究室の

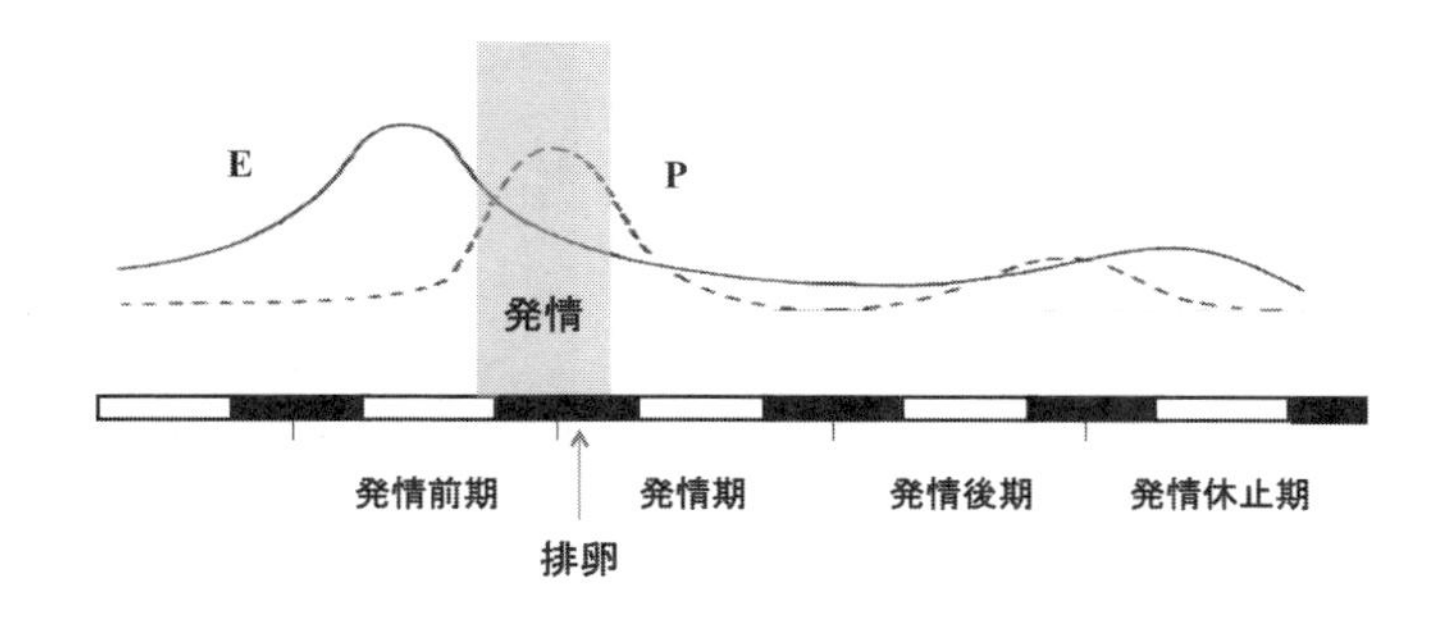

図9　ラットの性周期における血中エストロゲン（E）とプロゲステロン（P）濃度

タイの留学生であったウィラサック・フングファングさんの実験から紹介しましょう。

ラットやマウスの性周期は4日周期で、発情前期、発情期、発情後期、発情休止期に分類され、4日に1回の排卵が発情期（1〜4時）に起こります。その排卵の前後数時間にメスは発情を示しますが、これは発情前期の正午頃に見られる血中エストロゲン濃度の上昇に起因しています（図9）。

性周期における摂餌量は、発情前期に低値を示しており（図10）、それが翌日（発情期）の体重低下の原因となっています（図11）[2]。この場合も、摂餌量の低下はエストロゲンの影響によるものです。

さらに、フングファングさんは血中レプチ

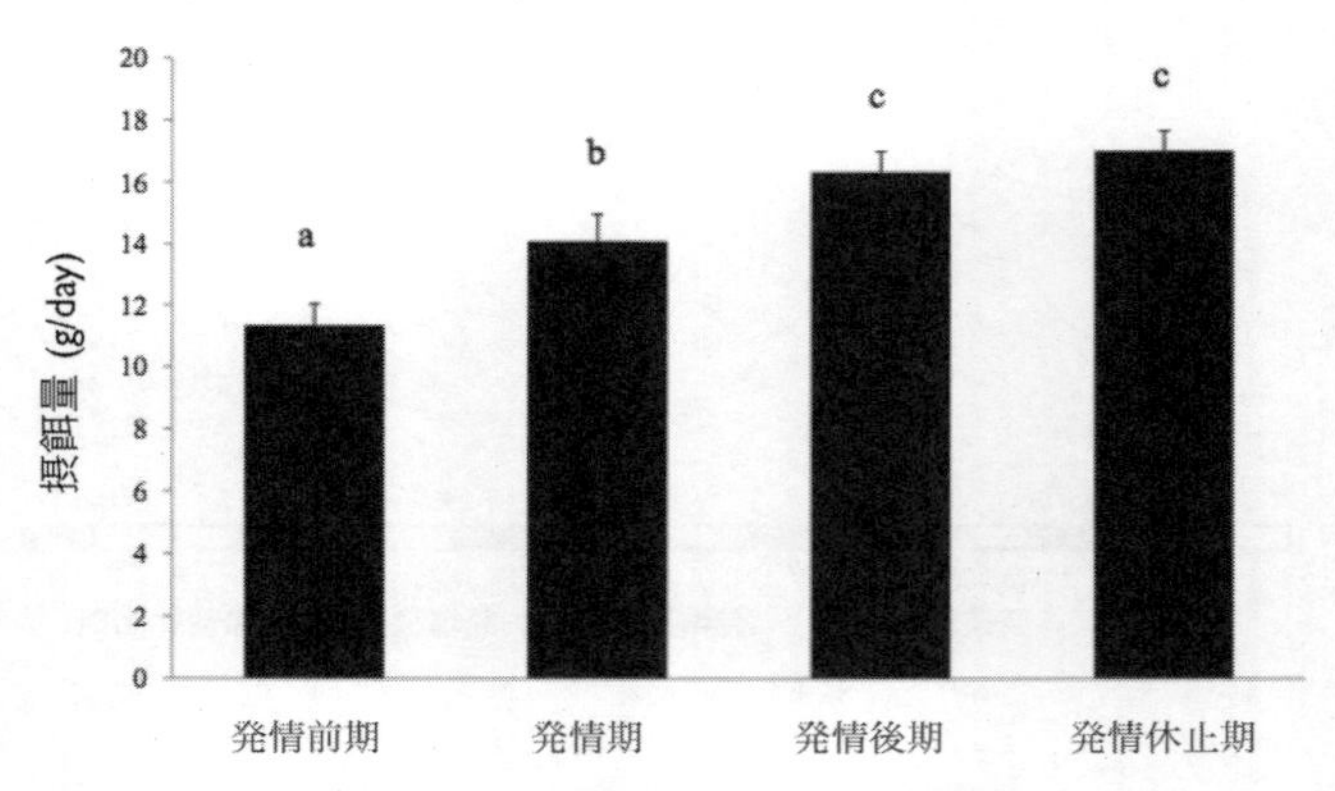

図 10 ラットの性周期における摂餌量
（異なったアルファベット間に有意差あり）

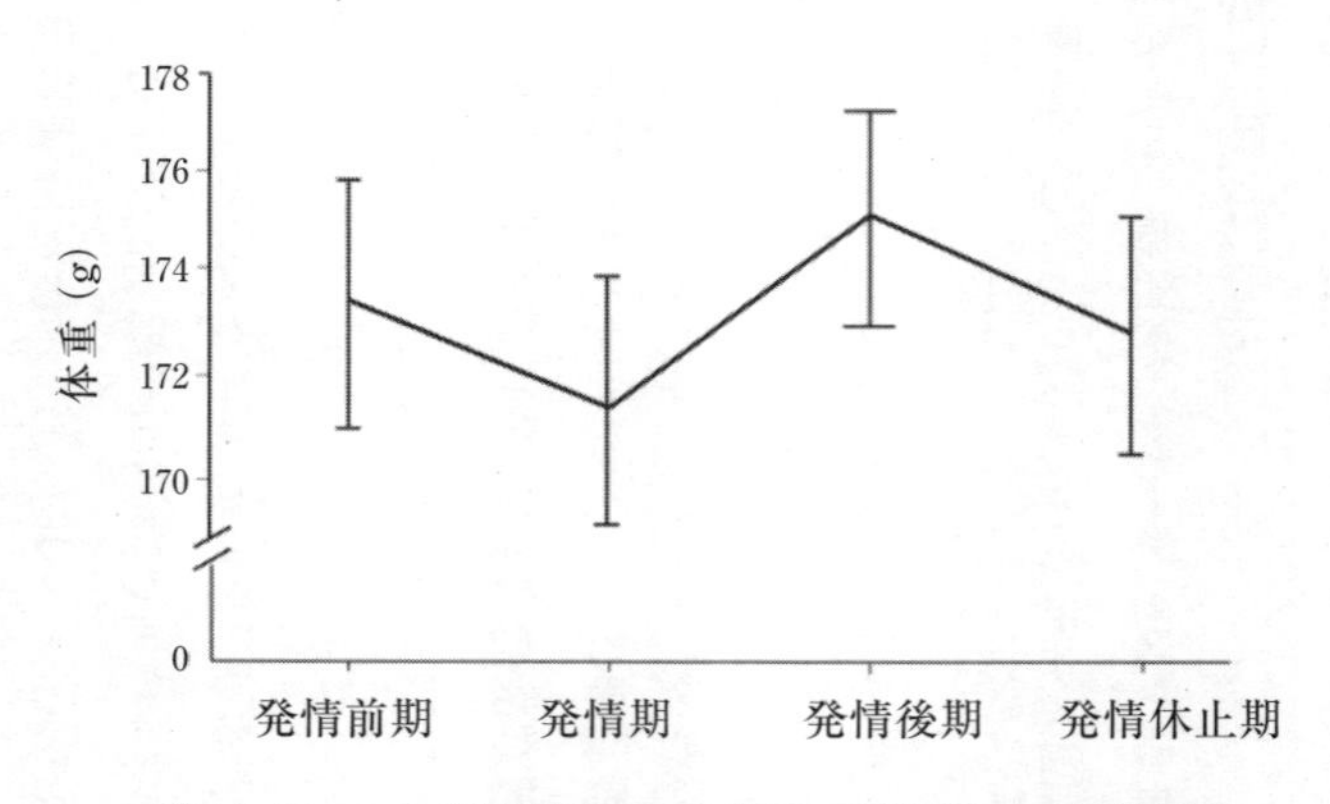

図 11 ラットの性周期における体重（平均値 ± 標準偏差）

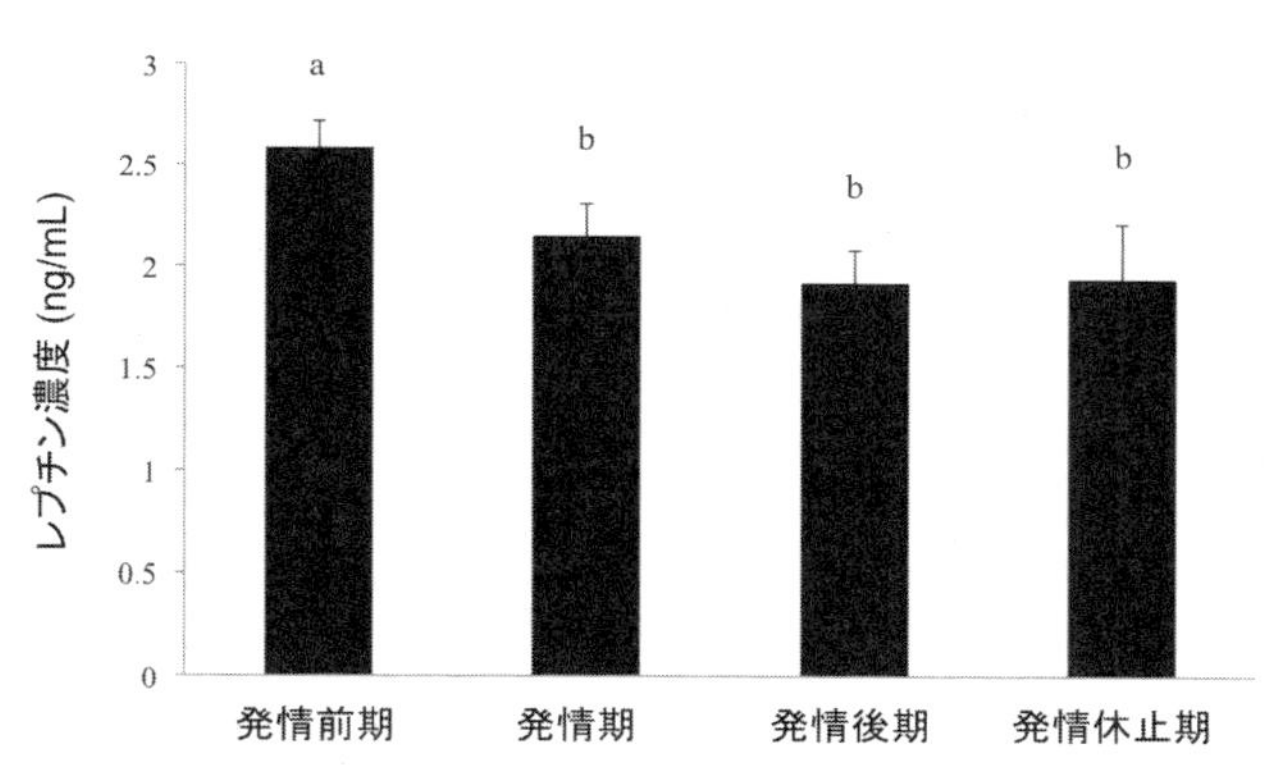

図 12 ラットの性周期における血中レプチン濃度
（異なったアルファベット間に有意差あり）

ン濃度の測定も行っています。レプチンは脂肪細胞で産生され、摂食行動を抑制し、エネルギー消費を促進するホルモンのひとつです。血中レプチン濃度も、発情前期にエストロゲンと同じように高い値が見られています（図12）[2]。つまり、エストロゲンがレプチンの放出を促し、その結果、摂食行動の抑制が起こり、摂餌量の減少が生じたと考えられます。

③妊娠、哺乳期 Pregnancy and Lactation

妊娠および哺乳期には、母体は莫大な量のエネルギーが胎子の発育、乳汁の生産に必要となります。そのために、摂餌量は増加し、それに伴って消化管のはたらきも活発になり

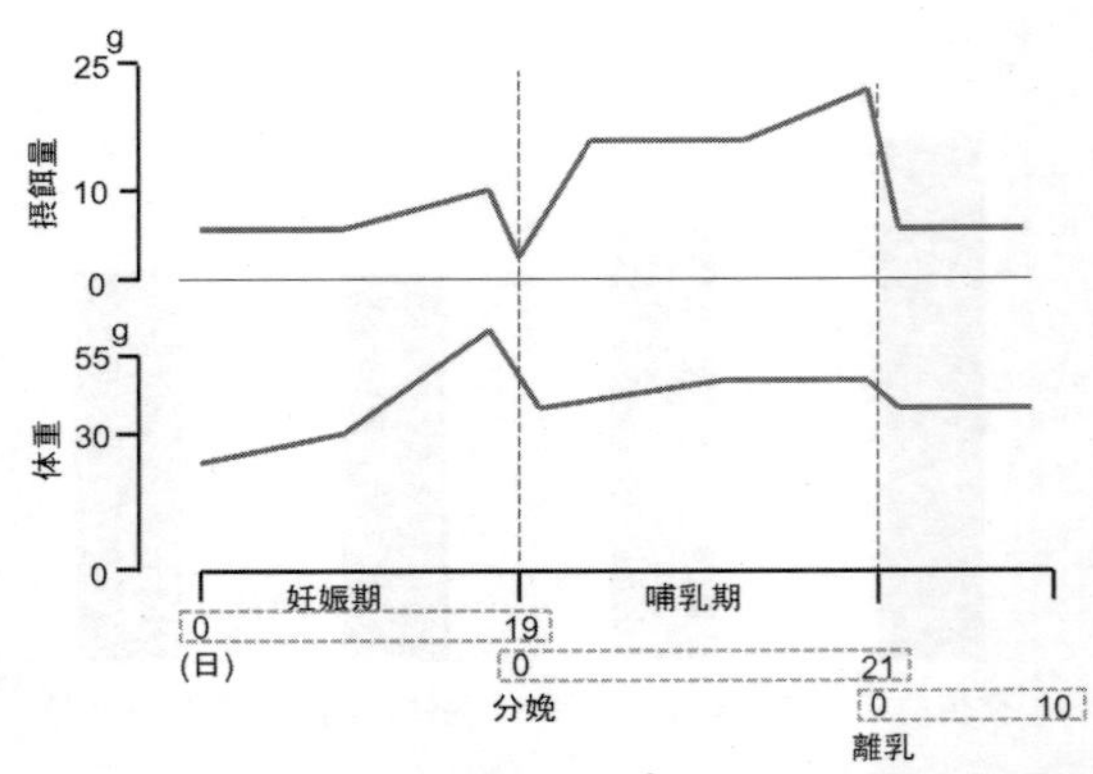

図 13　マウスの妊娠期、哺乳期における摂餌量と体重

ます。ただし、出産時には摂餌量、母体重の一時的な減少が見られます（図13）[3]。

一方、『プロラクチン』は下垂体前葉から分泌されるホルモンで、乳腺の発育と乳汁分泌を刺激します。マウスやラットでは、血中プロラクチンレベルは分娩日に劇的な上昇を示し、引き続き乳子の吸乳刺激により高値を維持しています。

では、乳子数の減少、すなわち吸乳刺激の減弱は血中プロラクチン濃度の低下をもたらし、摂餌量の減少を招くでしょうか？　マウスやラットでは乳頭の数（マウス・5対、ラット・6対）とほぼ同数か、それ以上の新生子が誕生します。そこで、私たちは哺乳子数を2匹に制限したところ、母体の血中プロラク

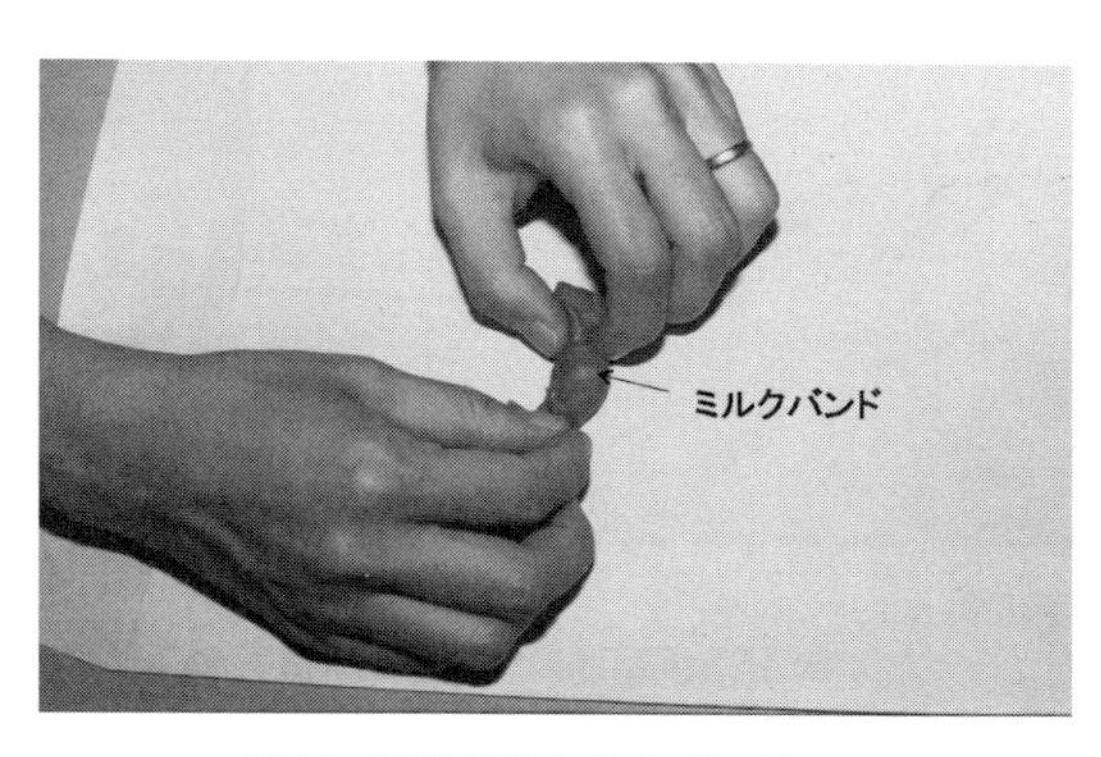

図14 新生子のミルクバンド
新生子では胃腺よりミルクを凝固させる酵素レンニンが分泌される。皮膚を通して白いバンドのように見られる。これをミルクバンドとよぶ。

チン濃度の低下、そして摂餌量の減少、さらには乳子の胃内ミルク量（図14）の減少が見られました[4]。

また、私たちの研究室の学生だった鈴木咲子さんは、オスの血中プロラクチン濃度の増加と摂餌量の関連について次のような実験を試みました。プロラクチンの分泌は、常にメスもオスも視床下部からの『プロラクチン抑制因子』（P-F）の分泌によって抑えられています。現実問題として、オスに妊娠させることは不可能です。では、どうすればP-Fの影響を受けることなく、プロラクチンの持続分泌を促すことができるのでしょうか？

それには下垂体移植が唯一の方法であると思われます。下垂体移植に際して、ドナー動

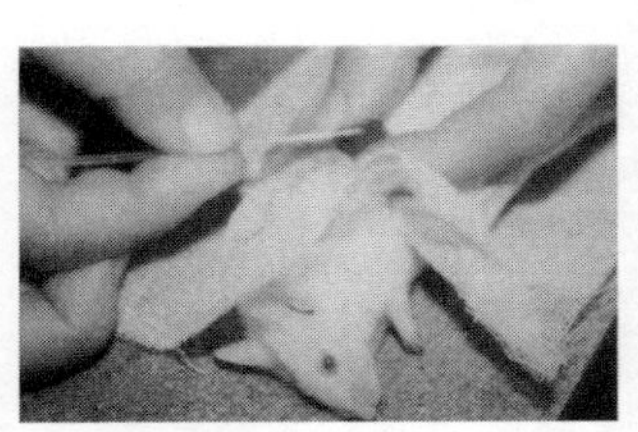

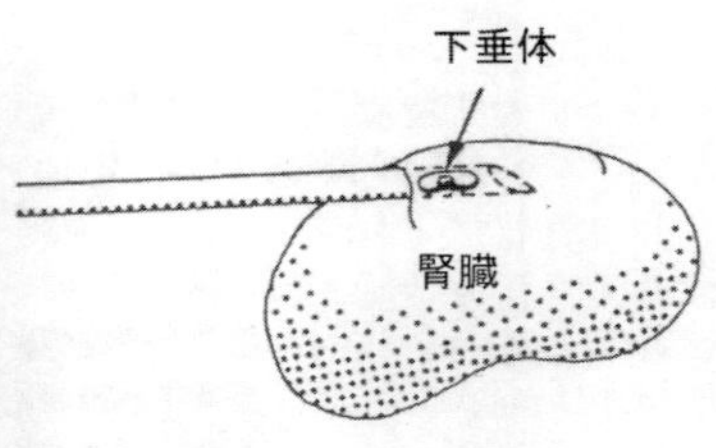

図 15　下垂体の腎被膜下移植手術
移植された下垂体の前葉ではプロラクチンや性腺刺激ホルモン（LH, FSH）などは生産されるが、プロラクチンのみの分泌である。

物の下垂体とレシピエント動物の組織適合性の問題がありますが、『クローズドコロニー』（遺伝的コントロールの方法の違いによる繁殖のひとつで、5年以上外部から種動物を導入することなく、一定の集団内のみで繁殖を続けている群のこと）で維持されている動物間での移植は可能です。ドナー動物の下垂体をレシピエント動物の腎被膜下に移植します（図15）[5]。すると、移植された下垂体で産生されたプロラクチンはPIFの分泌から解除され、持続的に血中へ放出されます。その結果、血中プロラクチン濃度の上昇に伴い、オスの摂餌量の増加が確認されました[6]。

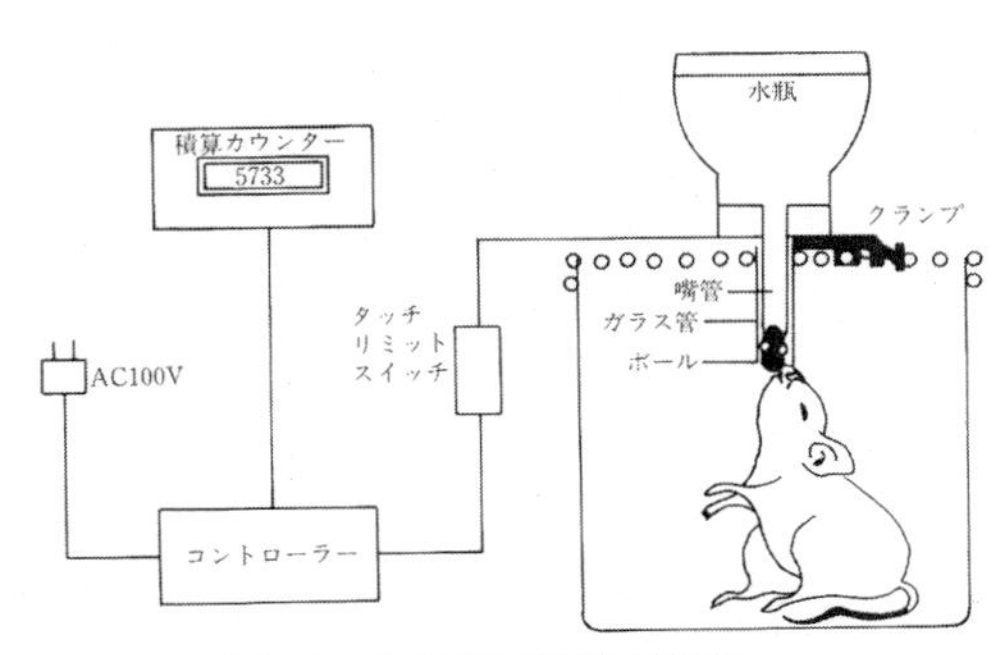

図16　飲水行動量測定装置

タッチリミットスイッチと給水瓶の嘴管を接続し、マウスが水を飲むとき、その嘴管の先を舌でなめることによってリレー「on」となり、そのリッキング回数が積算カウンターに標示される。約1,000カウントで1mℓの飲水量となる。

④日周期リズム　Diurnal Rhythm

一昼夜を周期として回帰する生体の形態や機能の変動を日周期リズムと言います。地球上に生息する生物全般にわたって、広範囲に観察される現象です。動物においても、活動、採食、睡眠覚醒、体温、自律神経系機能や代謝、内分泌、免疫機能などに日周期リズムの存在が明らかにされています。

マウスやラットは夜行性動物ですから、夜間に活動し、摂食や飲水行動が活発になるのでしょうか？　私たちは新たに実験小動物用飲水行動量測定装置（図16）[7]を開発し、マウスの飲水行動量（リッキング回数）の日周期リズムについて、詳細に検討してみました。オスマウスの飲水行動量には、各系統に特徴

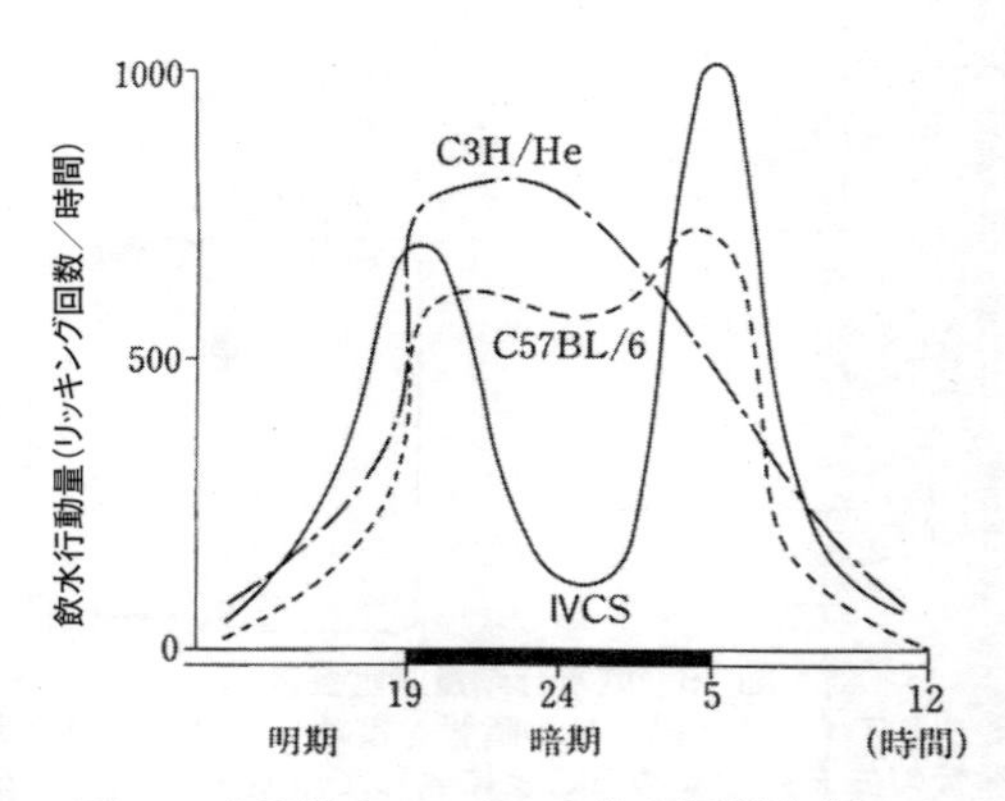

図 17　各系統オスマウスの飲水行動量パターン
（各８匹の平均値）

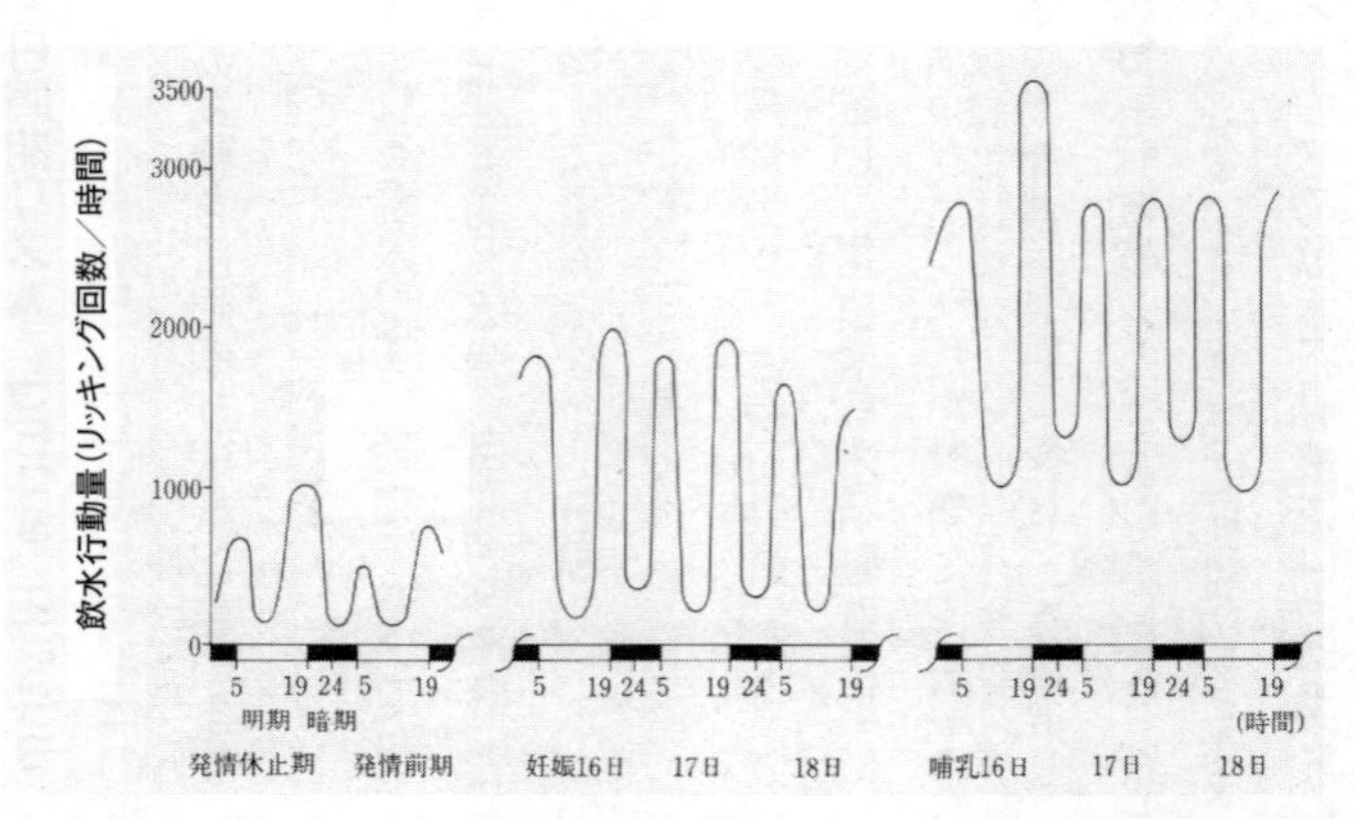

図 18　IVCS 系マウスの性周期、妊娠期および哺乳期における飲水行動量パターン（８匹の平均値）

的な日周期リズムが認められ（図17）、さらにメスＩＶＣＳ系マウスの亜系であるddZに由来。１９６０年、信永により性周期が一定（４日周期）になるように選抜が行われ育成された）でも、オスＩＶＣＳ系と同じような日周期リズム（点灯前後と消灯前後にピークが見られる２峰性のリズム）が性周期、妊娠および哺乳期においても観察されました（図18）[8]。

2　摂食行動と薬物

①覚せい剤

覚せい剤には、『メタンフェタミン』と『アンフェタミン』があり、化学構造上の両者の相違は、アミノ基－NH_2にメチル基－CH_3がひとつついているか、いないかだけです（図19）。両者とも薬理作用には交感神経および中枢神経に対する興奮作用が認められており、精神状態の高揚、眠気防止や睡眠不足に基づく疲労感の解消、さらに肥満防止の目的で乱用されていると言われています。覚せい剤には強い薬物依存性があり、その反復投与により精神異常が誘発されます。

メタンフェタミン乱用者のモデルとして、ラットにメタンフェタミンの長期連続投与

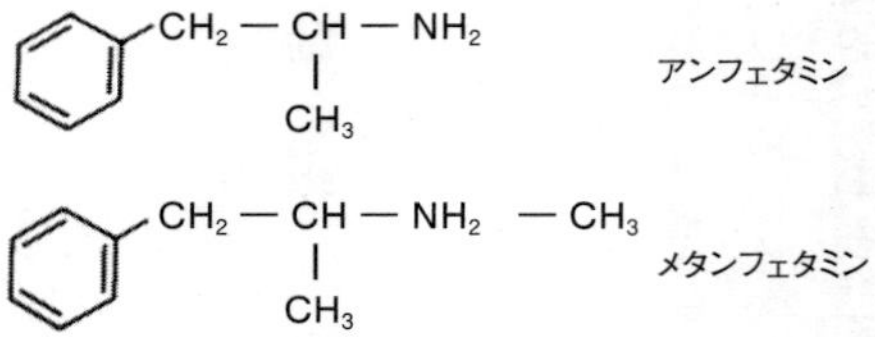

$C_6H_5-CH_2-CH(CH_3)-NH_2$　アンフェタミン

$C_6H_5-CH_2-CH(CH_3)-NH_2-CH_3$　メタンフェタミン

図 19　覚せい剤の化学構造式

を行い、摂餌量の変化について検討した成績を図20に示します。摂餌量は投与2週間目までオス、メスともに著しく減少し、その後投与終了10日目まで顕著な増加を示し、体重も摂餌量に伴う変化が観察されました[9]。

この作用はあくまで一時的で、急速に覚せい剤に対する耐性が生じ、数週間以内に戻ってしまうことが多く、メタンフェタミンの投与中止後では、摂食抑制作用に対するrebound（跳ね返り）現象と思われる摂餌量の増加が認められています。

②クロニジン　Clonidine

塩酸クロニジン（clonidine hydrocloride=カタプレス、Catapres）は、血圧を降下さ

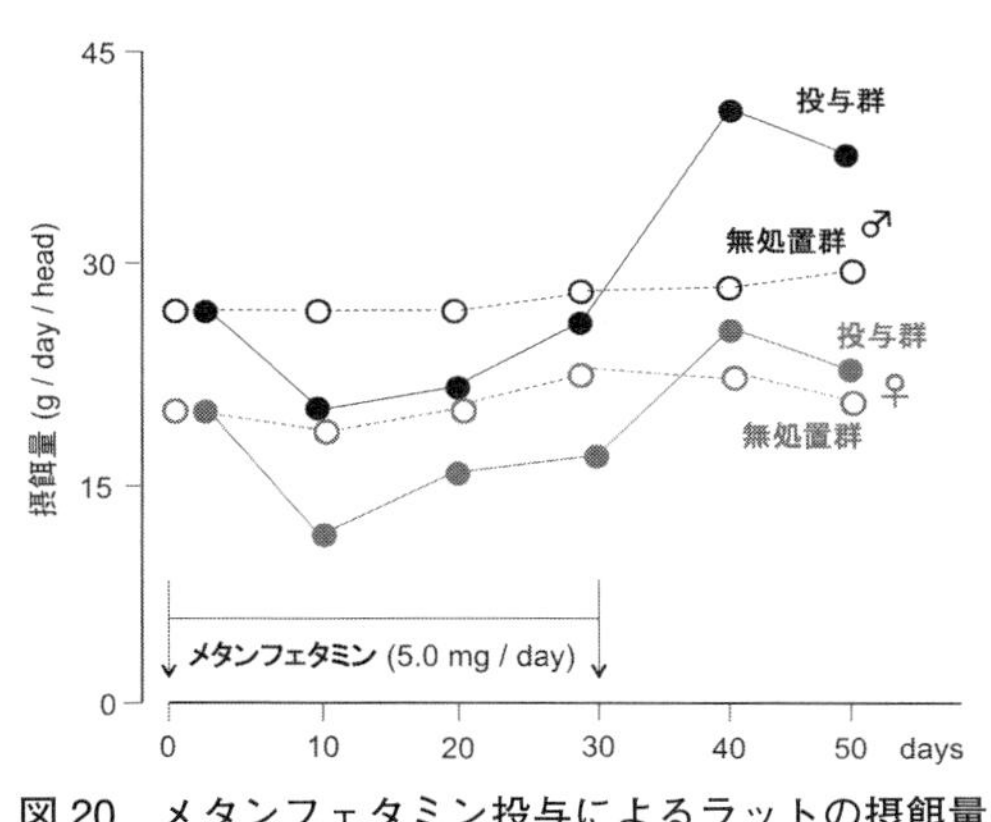

図20　メタンフェタミン投与によるラットの摂餌量の変化

せるはたらきがあり、抗高血圧薬として使われています。また、モルヒネの禁断症状の治療や糖尿病性下痢の治療にも用いられています。クロニジンの投与中止によるrebound現象などに注意が必要と言われています。おもな副作用は、鎮静、疲労感、口渇、頭痛、めまいがあります。

一方、クロニジンにはラットの摂食行動亢進作用も認められており、脳室内の投与により、摂餌量の増加および摂餌開始潜伏時間の短縮がラットで観察されています[10]。

③ジアゼパム　Diazepam

ジアゼパムには、馴化作用、筋弛緩作用および抗痙攣作用があり、神経症、うつ病、心身症、筋痙攣疾患、麻酔前などの不安・緊張、抑うつ、筋緊張の軽減に用いられます。副作用は、薬物依存性、刺激興奮・錯乱、呼吸抑制などが見られます。

一方、ジアゼパムにもラットの摂食行動の亢進作用が認められています[10]。

④ヨヒンビン Yohimbine

西アフリカ産アカネソウ科の植物ヨヒンベの皮に含まれるアルカイドで、血管を拡張させ、性中枢の反射興奮性を亢進させせます[11]。この作用が催淫効果に結びつくとされ、ヨヒンビンは催淫薬の代表に挙げられて有名になりました。

一方、ヨヒンビンの前処置は、先のクロニジンおよびジアゼパムの摂食行動の亢進に対する拮抗作用が認められています[10]。

3 摂食行動と糖尿病

糖尿病は、血糖値（血液中のグルコース［ブドウ糖］濃度）が病的に高い状態を示す病名です。血液中のグルコース濃度は、さまざまなホルモンのはたらきによって正常では常に一定範囲内に調整されていますが、いろいろな理由によってこの調節機構が破綻すると、血液中の糖分が異常に増加して糖尿病になります。

糖尿病は1型と2型に分けられ、1型糖尿病では膵臓のランゲルハンス島（ラ氏島）のβ細胞が何らかの理由によって破壊されることで、血糖値を調節するホルモンのひとつであるインスリンが枯渇し、高血糖、糖尿病に至ります。

2型糖尿病では血中にインスリンは存在しますが、肥満などでβ細胞からのインスリン分泌量が減少し、筋肉、脂肪組織へのグルコースの取り込み能の低下（インスリン抵抗性）、その結果として血中グルコースが肝臓、脂肪組織でグリコーゲンとして貯蔵されず、血中グルコース値は高くなり、糖尿病となります。

日本人の糖尿病患者の90パーセント以上は2型糖尿病が占めていることが特徴です。欧米人における1型糖尿病の占める割合は、日本人よりも高い傾向を示しています。

①糖尿病モデル動物

1型糖尿病を誘発する実験動物（モデル動物）として、NOD（Non Obese Diabetes）マウス、BB(biobreeding diabetes-prone)ラット、LETL(Long-Evans Tokushima Lean）ラット、KDP（Komeda diabetes-prone）ラットなどが挙げら

れます。

2型糖尿病モデルとして、*db/db*マウス、GK（Goto-Kakizaki）ラット、OLETF（Otsuka Long-Evans Tokushima Fatty）ラット、Zucker fattyラット、ZDF（Zucker Diabetic Fatty）ラットなどです。

②薬剤誘発糖尿病

ラットにストレプトゾトシン（STZ）やアロキサン（尿素の酸化生成物）を投与することにより糖尿病の実験モデル動物を作出することが可能です。これらの薬剤は膵臓のβ細胞に対する特異的毒性が高く、β細胞が破壊されることにより1型糖尿病となります。

STZ投与後1日以内に、ラットの血糖値は300㎎／dℓ以上（正常値：100㎎／dℓ以下）と高い値となり、摂餌量や飲水量の顕著な増加と体重の減少傾向が見られます（痩せ型糖尿病）（図21）[12]。このラットのインスリンの分泌は枯渇している状態ですから、インスリンを補えば糖尿病からの回復が考えられます。私たちの研究室の大学院生であった橋本晴夫さんは、マウスから分離、培養したラ氏島を拡散チャンバー内に投

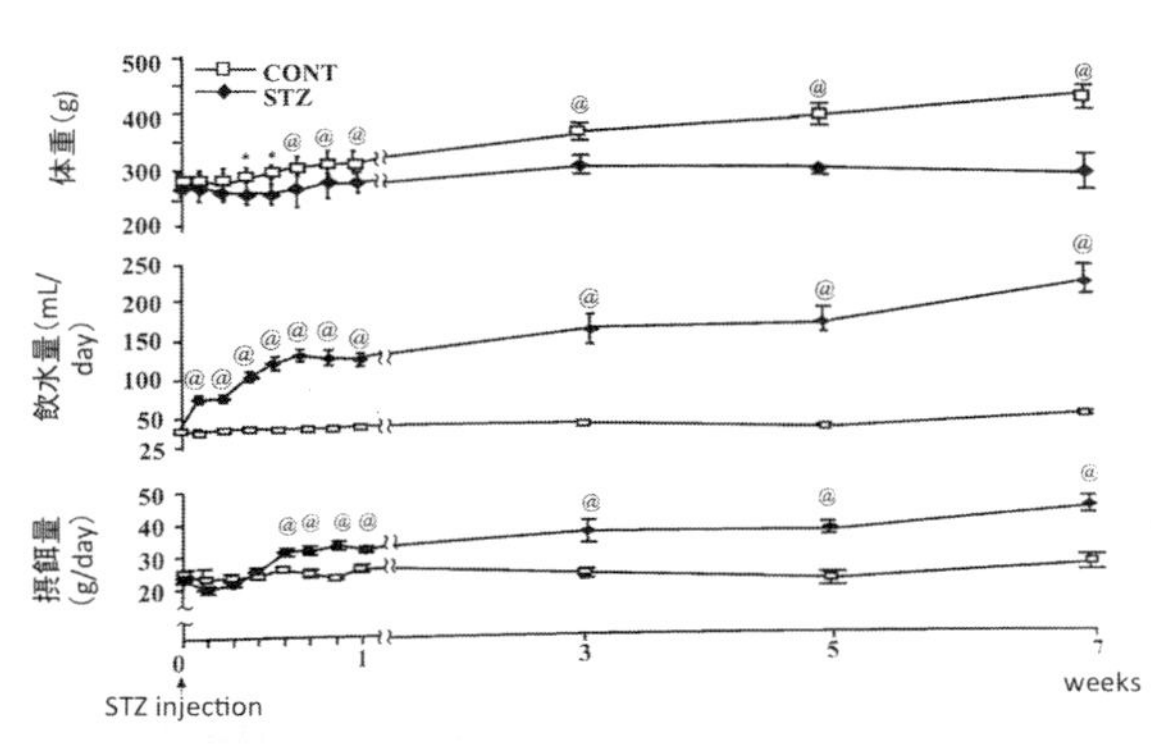

図 21 STZ 誘発糖尿病ラットの摂餌量、飲水量および体重
* : P<0.05, @ : P<0.01　vs. Cont.

入して作製した人工膵臓（Bio-AEP）を糖尿病ラットの腹腔内に移植した結果、摂餌量、飲水量および体重において改善効果を認めています[13]。

4　摂食行動と肥満遺伝子

①遺伝性肥満マウス

遺伝子の異常に基づく肥満のモデル動物が最初に確立されたのは、１９５０年に米国メイン州のジャクソン研究所で見出された*ob/ob*マウスでした。この*ob*遺伝子は英語の肥満「obese」に由来する名前で、肥満遺伝子ともよばれています。*ob/ob*マウスは、第6染色体上の劣性突然変異を持つマウスで、一対の相同遺伝子の両方に突然変異を持つホモ

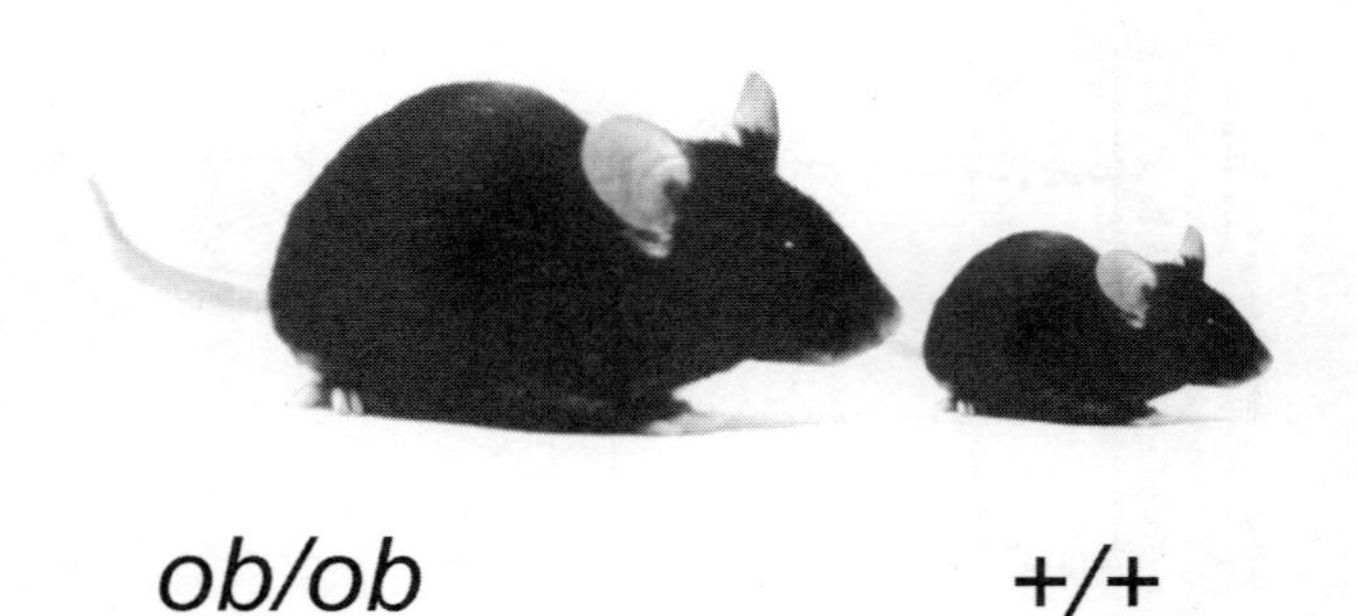

図 22　*ob/ob* マウス（左）と正常マウス（右）の体型

接合体です。

*ob/ob*マウスの特徴は、食欲旺盛でほぼ１日中、餌を摂取している状態が見られ、肥満（正常マウスの体重の２～３倍）に達することです（図22）。

さらに、１９６６年に同じくジャクソン研究所で第４染色体上の劣性突然変異による*db/db*マウスが確立されました。*db*遺伝子の*db*は、英語の糖尿病「diabetes」に由来しています。

*db/db*マウスも*ob/ob*マウスと同様に、C57BL/6J系マウスの交配中に偶然に確立された肥満マウスです。

②肥満遺伝子産物

1994年に米国ロックフェラー大学のフリードマンらは、ポジショナルクローニング法(罹患家系などを用いて疾患の発症に連鎖する染色体座位を決定した後、その座位を含むゲノムDNAをクローン化し、当該疾患の原因遺伝子とその変異を同定する方法)を用いて*ob*/*ob*マウスの*ob*遺伝子を特定しました[14]。クローニングされた*ob*遺伝子は、約4千5百個の塩基対から構成され、翻訳されると146個のアミノ酸からなるペプチドホルモンであることがわかりました。

ob/*ob*マウスの遺伝子変異とは、*ob*遺伝子を構成する塩基のひとつが別のものに置き換わった(シトシン→チミン塩基)ことで、*ob*/*ob*マウスには正常な*ob*遺伝子産物であるタンパク質(ペプチドホルモン)が欠損しているのです。

では、肥満遺伝子の産物であるホルモンの生理作用とはいかなるものでしょうか?フリードマンのグループは、肥満遺伝子産物を*ob*/*ob*マウスの腹腔内に投与したところ、*ob*/*ob*マウスに食欲の抑制が見られ、体重が減少しました。この体重の減少は脂肪組織のみの減少に起因していたことから、肥満遺伝子産物であるホルモンはギリシア語で「痩せ」を意味する「leptos」に因んで『レプチン』(Leptin)と名づけられました。

さらに、レプチンには食欲抑制作用だけでなく、エネルギー消費増大作用も認められました。では、レプチンは生体のどの組織で産生されているのでしょうか？ レプチンは通常、脂肪細胞のみから分泌されており、とくに内臓脂肪で多く産生されています。その後、胎盤、胃でもレプチンの産生が認められています。

ここで、もう一方の肥満マウスである*db/db*マウスについて考えてみることにしましょう。

Parabiosis（並体癒合）の模式図を示します（図23）。並体癒合とは2匹の動物を体軸に平行に結合する実験、たとえばマウスの腹側の皮膚を切開し、互いの腹筋を縫合した後、両者の皮膚を縫合します。これによって両者間の筋組織結合部を中心に体液の交換が可能となります。

最初に、図23の下段の*db/db*マウスと*ob/ob*マウスを結合させた場合について考えてみます。*db/db*マウスには変化がなく、*ob/ob*マウスに体重減少（食欲抑制）が見られています。すでに述べたように、*ob/ob*マウスに肥満遺伝子産物、レプチンを投与すると食欲および体重の低下が誘発されます。このレプチンはどこから来たのでしょうか？ *db/db*マウスで産生されたレプチンが体壁（血管）を通して*ob/ob*マウスに移

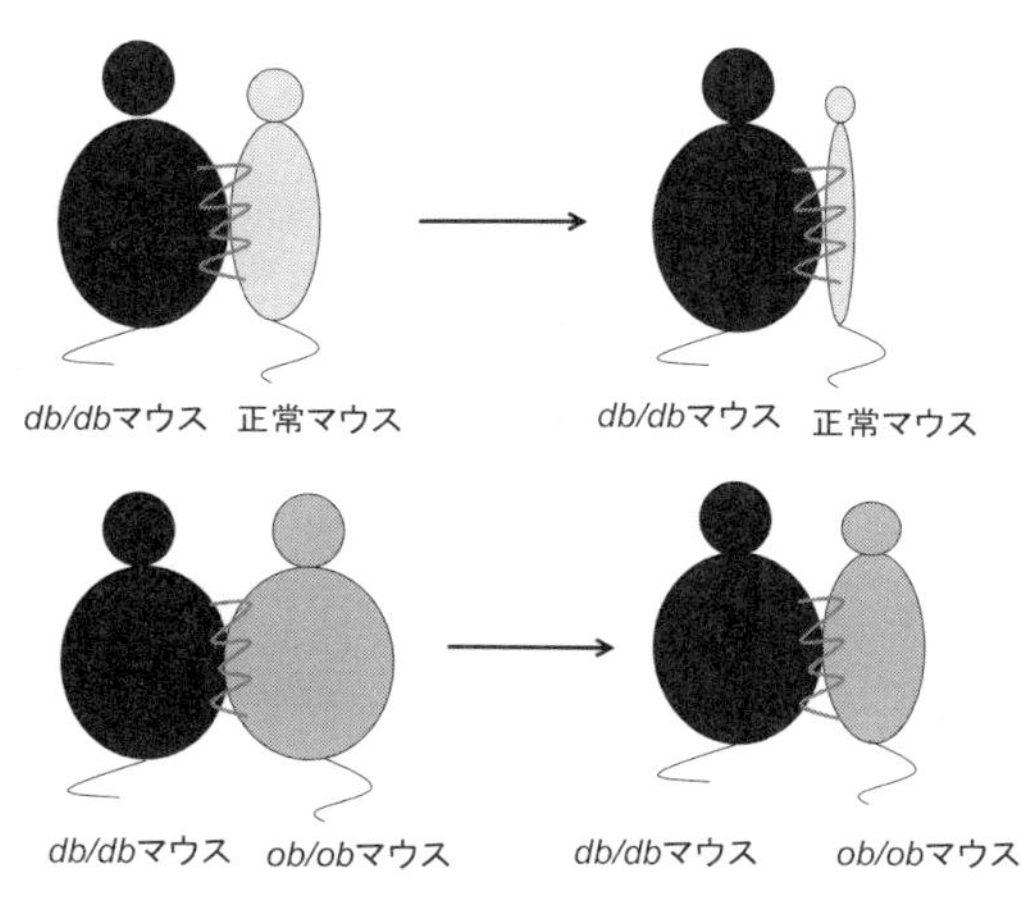

図23　Parabiosis（並体癒合）手術

行したのです。では、なぜdb/dbマウスは肥満を発現するのでしょうか？　フリードマンらの研究の結果、db/dbマウスのdb遺伝子は、正常なレプチン受容体を発現することができず、db/dbマウスは脂肪細胞からレプチンが分泌されているにもかかわらず、レプチンのシグナルが伝達されないために、顕著な肥満と糖尿病を起こすのです[15]。

図23の上段のdb/dbマウスと正常マウスの結合において、db/dbマウスには変化がなく、正常マウスは極度の食欲不振、体重の減少を示し、やがて餓死します。なぜか、もうおわかりでしょう。

遺伝性肥満ラットについては、前述の糖尿病モデル動物と重複しますが、ＯＬＥＴＦ

ラット、Zucker fatty ラット、ZDF（Zucker Diabetic Fatty）ラット（*db/db* マウスと同様にレプチン受容体の欠損）などが知られています。

摂食行動の調節機構

ヒトを含めた動物の体重は、長期的に見ると一定になるように調節されています。たとえば、ラットに強制的に餌を食べさせて肥満体にすると、ラットは食欲を失い、反対に、絶食により体重を減少させると、食欲を増します。その結果、以前のそれぞれの体重に戻ります。つまり、体重は食欲を調整することによって、常に一定値になるようにコントロールされているのです。

では、食欲はどこで調節されているのでしょうか？ それは脳です。脳は体重が常に脳で決められた値になるように、脳によって摂取カロリーと消費エネルギーのバランスが保たれるようにコントロールされているのです。脳で決められている体重のことは「体重のセットポイント」とよばれています。このセットポイントで決められた体重には個体差があり、それが痩せや肥満という体型を生じさせていると考えられています。

それでは、どのようにして体重をセットポイントに合わせているのでしょうか？ 食物を摂取することによって、絶えず変化する血中代謝産物の濃度変化や体脂肪量などを常に監視しているモニター機構が脳に存在しているのです。

食欲中枢

脳の『視床下部』には、食欲を調節する食欲中枢の存在が知られています（図24）。『視床下部腹内側核』（ＶＭＨ）を電気あるいは機械的に破壊すると動物は多食になり肥満し[16]、『視床下部外側野』（ＬＨＡ）の破壊では餌を食べなくなり、体重はしだいに減少します[17]。また、ＶＭＨを刺激した場合には、動物は摂餌量の減少、ＬＨＡを刺激した場合には、摂餌量の増大が観察されます。

さらに、実際の摂食行動に際して、ＶＭＨおよびＬＨＡの神経活動電位のモニターにおいて、空腹時にはＬＨ、満腹時にはＶＭＨの神経興奮が見られています。

これらの動物実験に基づいて、ＶＭＨは満腹中枢、ＬＨは摂食中枢とよばれるようになりました。

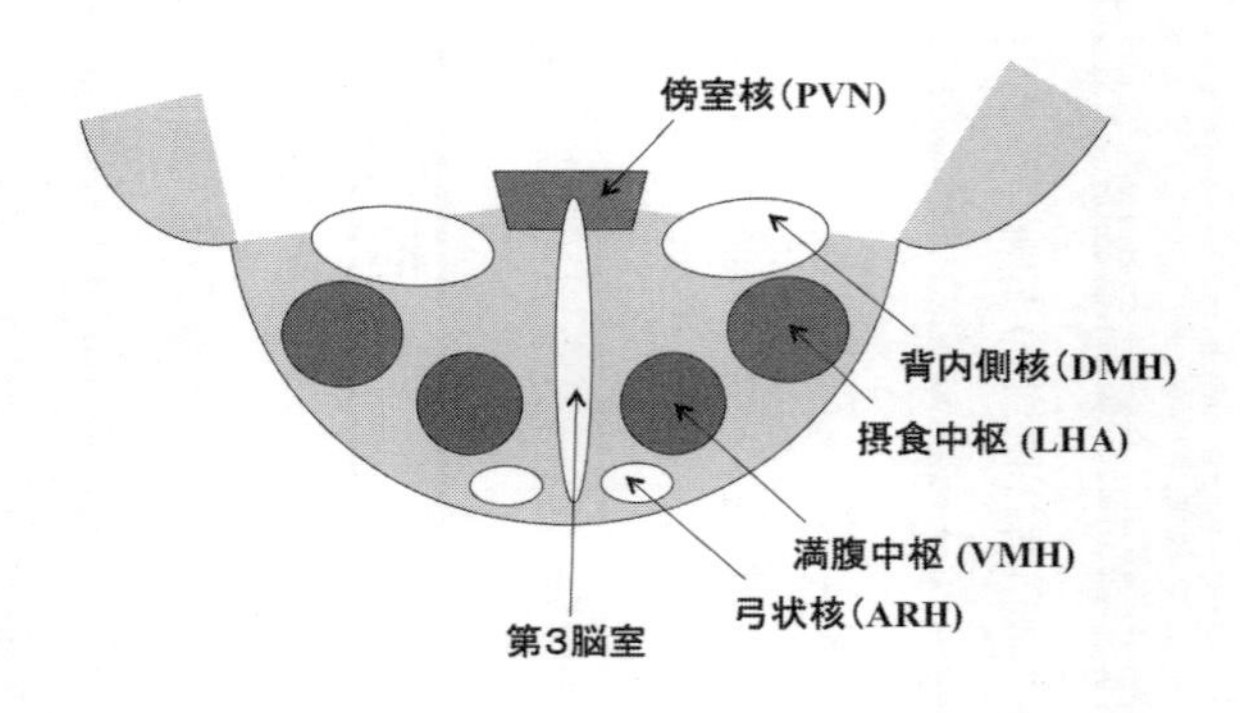

図24　視床下部に分布する神経核
視床下部外側野と視床下部腹内側核が食欲中枢である。

解剖学的には、VMHとLHAは神経線維で連絡しており、両者の活動は相互に影響し合っていると考えられています。この両核（VMHとLHA）には末梢からの摂食に関連する情報（食欲調節シグナル）を感知したり、受容したりするニューロンが存在しています。つまり、末梢からの食欲調節シグナルが、食欲中枢の存在する視床下部に伝わり、食欲が調整されます。

末梢性食欲調節シグナル

末梢から食欲中枢への食欲調節シグナルの伝達方法には、神経性および体液性伝達のふたつがあります。

1　神経性伝達

胃の容量変化は、空腹感あるいは満腹感の成立に関係しています。空腹感は胃運動の亢進時期に一致して起こります。

食べものが胃に入り、胃壁を伸展すると食欲が抑制されます。逆に、空腹時に胃が収縮すると、食欲が刺激されます。これらの反応は、胃に分布する迷走神経を介して食欲中枢に伝達されます。

小腸にグルコールを注入すると、小腸にあるグルコール受容体の活動が亢進し、迷走神経を介してＬＨＡに抑制的シグナルが伝わり、摂食行動は停止します。

また、肝臓から神経によって伝わる神経性食欲調節シグナルが存在していると考えられています。小腸から吸収された栄養素は『門脈』という静脈から肝臓に送られます。この門脈にグルコースや高カロリーの物質を注入すると、動物は摂食を止めてしまいます。また、グルコース阻害物質である2―DG（2-deoxyglucose）を門脈に投与すると、摂食行動が亢進されます。この伝達経路は迷走神経が主体ですが、交感神経も関与しており、視床下部で迷走神経はＬＨＡと、交感神経はＶＭＨと接続していると言われています。

2 体液性伝達

血液中を流れるホルモンなど、末梢からの体液性物質による中枢への伝達機構について見てみます。

①糖定常説

血糖値（血中のグルコース濃度）は空腹時に低く、摂食すると上昇します。摂食行動はこの血糖値の変化に応じてコントロールされています。つまり、血糖値を一定に保つように摂食行動が制御されているのです。これが摂食の糖定常説です。

視床下部の食欲中枢には摂食行動を調節するふたつのニューロン群が見られます。満腹中枢のＶＭＨに存在するグルコース受容ニューロンと摂食中枢のＬＨＡにあるグルコース感受性ニューロンです[18]。

摂食により血中のグルコース濃度が上昇すると、グルコース受容ニューロンは興奮し、そしてグルコース感受性ニューロンは抑制される結果、摂食行動は抑制されます。逆に、絶食などで血中グルコース濃度が低下すると、グルコース受容ニューロンの抑制とグルコース感受性ニューロンの興奮が生じて、摂食行動の亢進が見られます。

②脂肪定常説

英国のケンブリッジ大学のケネディは、体重が一定に保たれているのは脂肪の定常的な調節によるものであり、体の脂肪をモニターしてその量の大小に応じて摂食量が決められているとの考えを提唱しました[19]。

実際に、脂肪関連物質は空腹時に作用しています。空腹になると、脂肪が分解して遊離脂肪酸となり、この遊離脂肪酸がＬＨＡのグルコース感受性ニューロンを刺激することにより、ＬＨＡの活動が活発となり摂食行動の亢進が見られます[20]。

ここからは、食欲調整シグナルとして最近、注目されるようになった消化管および視床下部ホルモンなどについて、具体的に見てみることにします。

③コレシストキニン Cholecystokinin（CCK）

ＣＣＫは消化管および中枢神経系に存在するペプチドホルモンです。33個のアミノ酸からなるＣＣＫ—33は十二指腸や小腸の細胞で産生・分泌され、消化管に対してさまざまな作用を示します。

アミノ酸8個で構成されるCCK－8は脳神経系に存在し、神経伝達物質として食欲を抑制しています。CCKのレセプターにはAタイプ（CCK－A）とBタイプ（CCK－B）があります。脳ではおもにCCK－Bレセプター、末梢神経系ではCCK－Aレセプターで、両レセプターとも食欲調節に関係しています[21]。ラットにCCKを投与すると、摂食行動が抑制され、餌を摂取すると血中CCK濃度の上昇が見られます[22]。脳室内へのCCK投与によっても食欲抑制が起こります。

末梢から中枢へのシグナルの伝達経路について見てみましょう。摂食により膵汁の脂肪やアミノ酸が十二指腸壁に触れると、十二指腸の粘膜内細胞からCCK－33が分泌され、血液中に放出されます。そして、CCK－33は末梢神経系（迷走神経）のCCK－Aレセプターを刺激し、迷走神経の求心路を介して延髄孤束核から視床下部のVMHにシグナルが伝達され、摂食が抑制されます（図25）[23]。事実、迷走神経の切断により、この摂食抑制作用は失われてしまいます。

④グレリン　Ghrelin

グレリンは、成長ホルモン分泌促進物質としてラットとヒトの胃から、児島ら[24]によっ

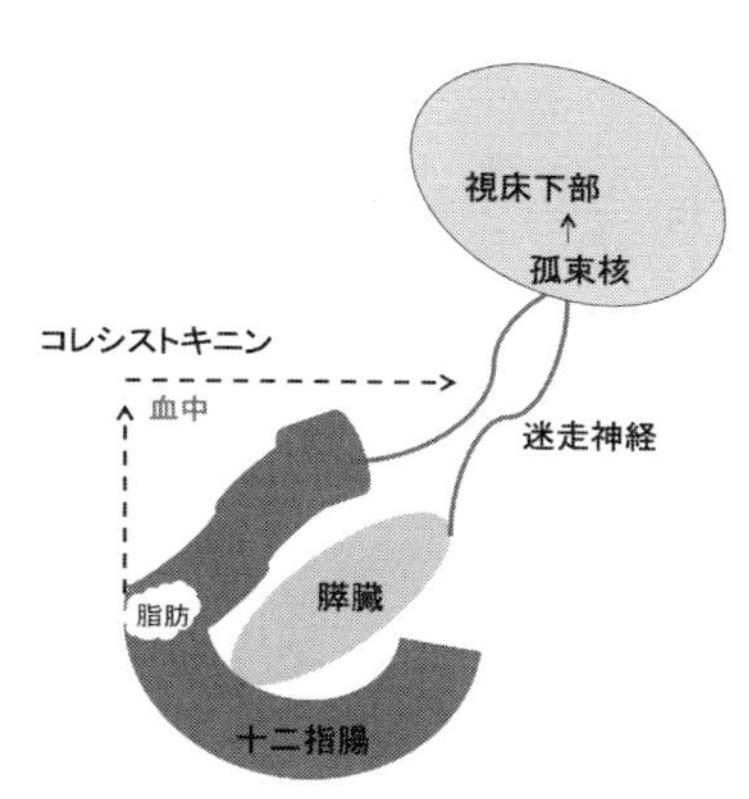

図25　コレシストキニンによる視床下部に至る神経経路

て発見されたペプチドで、消化管ホルモンのひとつに数えられています。グレリンは28個のアミノ酸からなり、N末端から3番目のセリン残基が脂肪酸により修飾される特徴的な構造を持ち、この修飾によりグレリンは活性型となり生理作用を示します。

グレリンをマウスやラットに投与すると、摂食促進および体重増加作用が見られます[25]。グレリンの摂食促進効果は、脳室内投与のほか、静脈および腹腔内投与でも認められています。そしてグレリンは末梢性食欲調節シグナルとして視床下部へ伝達されます。胃で分泌されたグレリンが胃に分布する迷走神経終末にあるグレリン受容体に結合し、その情報が延髄孤束核に伝達され、ニューロンを変えて視床下部へ運ばれ、摂食の亢進と成長ホルモンの分泌が起こります[26]。

⑤レプチン　Leptin

脂肪細胞によって産生されたレプチンは血中に分泌され、視床下部のレプチン受容体に作用することにより強力な摂食抑制とエネルギー消費増大をもたらし、肥満の抑制や体重増加の制御を行っています。レプチンは脂肪細胞から分泌されますが、体内の他のホルモンによって分泌が調節されています。たとえば、レプチンの発現量を増加させる作用を持つホルモンは膵臓からのインスリン、副腎皮質からのグルココルチコイド、卵巣からのエストロゲンで、反対に減少させるホルモンは精巣からのアンドロゲンです（図26）。

レプチンの食欲抑制作用が発表された当初、抗肥満薬としての利用が期待されました。事実、ヒトを含めて動物の肥満度が高いほど脂肪細胞が多いため、血中レプチン濃度は高値を示しますが、肥満の改善には至っていません。そこで、私たちの研究室の社会人大学院生であった鈴木光郎さんは、約1年齢のラットを用いて体重別（約450～700グラム）の血中レプチン濃度と脳脊髄液中のレプチン濃度との関係について調べ

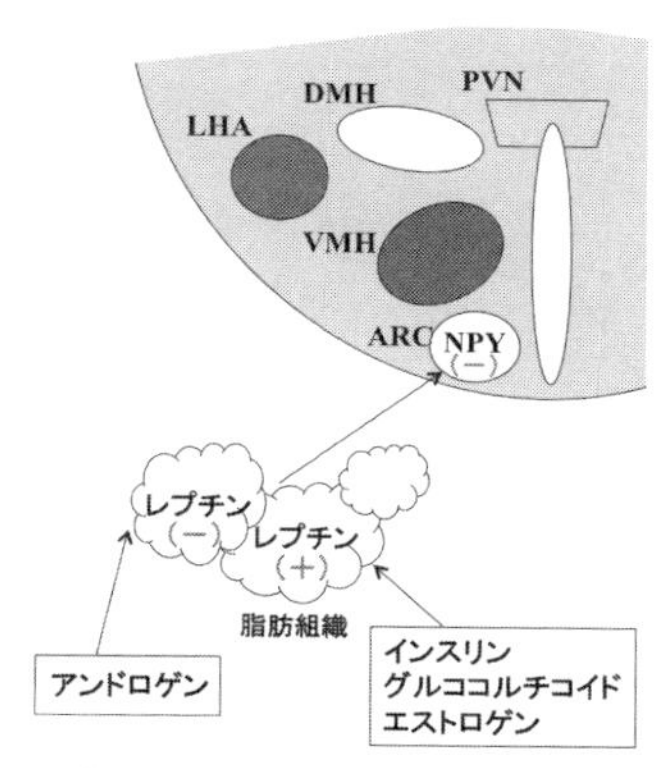

図 26 レプチン分泌の調節ホルモンとレプチンの中枢作用
レプチンの受容体は ARC のほか、VMH, LHA, DMH にも存在している。

ました[27]。その結果、体重（脂肪）とレプチン濃度の比率（脳脊髄液濃度／血液濃度）には負の相関関係が成立し、体重が重いほど、その比率の減少傾向が見られました（図27）。つまり、肥満になると血中レプチン濃度が高くなるため、血液脳関門を経由して脳脊髄液中へレプチンを輸送する機能が飽和し、分泌されたレプチンのシグナルが視床下部に達しないという可能性が考えられています[28]。これは「レプチンの抵抗性」とよばれています。

レプチンの中枢作用のひとつは、弓状核にあるNPYニューロンを抑制することです。これにより、レプチン本来の作用が発揮できるのです[29]。たとえば、*ob/ob*マウスではNPYの産生が亢進しており、レプチンによる

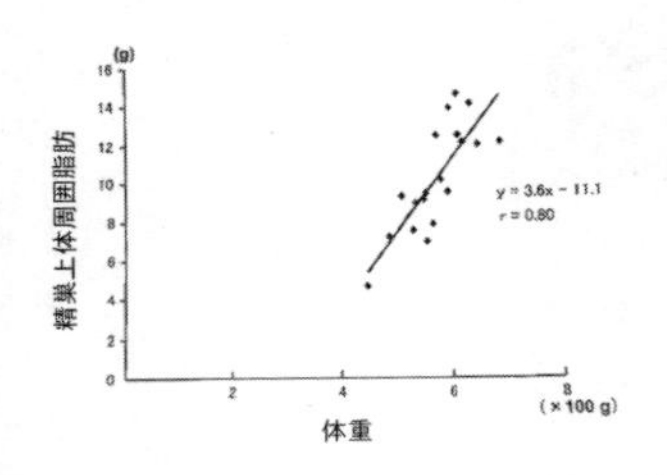

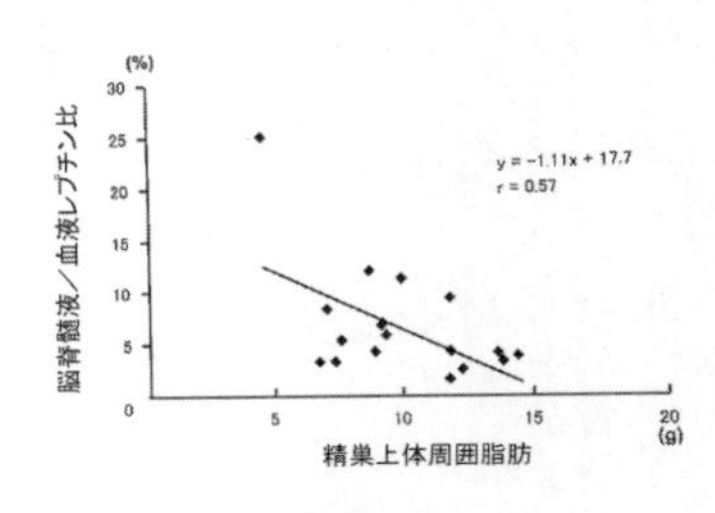

図 27　脳脊髄液中と血中レプチン濃度の比率

体重と精巣上体周囲脂肪重量には正の相関、精巣上体周囲重量とレプチン（脳脊髄液：血漿）濃度比には負の相関が見られる。

抑制シグナルが欠損しているために肥満となります（図26）。

レプチンのもうひとつの作用である、エネルギー消費増大作用の概略について述べます。脂肪細胞には、白色脂肪細胞と褐色脂肪細胞があります。前者はエネルギーの蓄積、後者は熱の産生と脂質の分解によるエネルギーの消費を行います。レプチンが視床下部、とくにＶＭＨのレプチンレセプターを刺激すると、褐色脂肪細胞および白色脂肪細胞を支配する交感神経系が興奮し、前者では血液量の増大やグルコースの細胞内への取り込みが促進されて熱産生が起こり、後者では脂肪の分解が起こり、最終的にエネルギー消費の増大に至ることが明らかにされています[30]。こ

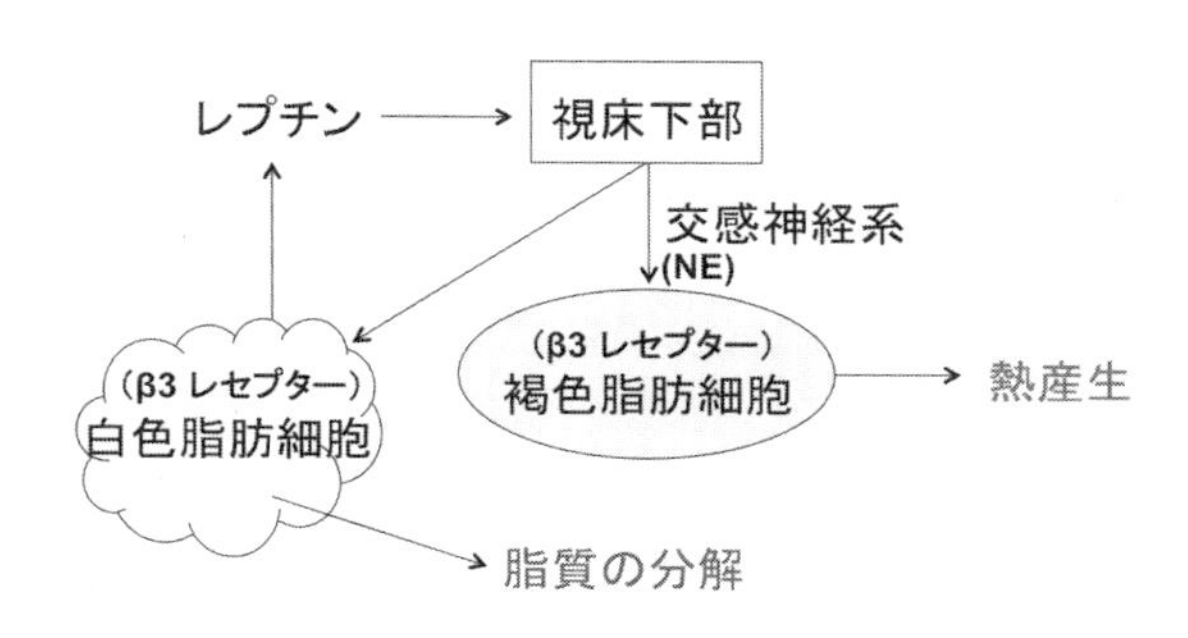

図 28　レプチンの熱産生とエネルギー消費作用

のエネルギー消費亢進作用は、アドレナリンレセプターのベータ3（β_3）のはたらきによるものです（図28）。

⑥ニューロペプチドY　Neuropeptide Y（NPY）

ＮＰＹは36個のアミノ酸からなるペプチドで、視床下部で生産・放出されています。ＮＰＹを脳室内に投与すると、食欲の亢進および肥満の誘発が認められています[31]。また、脂肪細胞において脂肪を合成する酵素の活性を高め、脂肪を蓄積することもわかっています。つまり、視床下部のＮＰＹは中枢神経系で分泌され、食欲中枢のある視床下部で作用し、摂食行動の促進およびエネルギー消費の

図 29 カロリンスカ研究所
研究所と称するが医学部（左）と歯学部（右）を有する大学でもある。毎年ノーベル賞の選考が行われている。

抑制を行っているのです。

ＮＰＹの受容体には、６種類のサブタイプ（Ｙ1、Ｙ2、Ｙ3、Ｙ4、Ｙ5、Ｙ6）があり、このなかでＹ1およびＹ5がＮＰＹによる摂食促進に関与していると考えられています[32]。

抗肥満薬としてＹ1受容体アンタゴニストが開発され、動物実験が行われている段階です[33]。

ＮＰＹとレプチンについて、著者がカロリンスカ研究所（図29）に留学していた頃、セーデルステイン教授の研究室で行っていた摂食行動の画期的な実験を紹介します。

行動学の概念では、生得的行動である摂食行動にも欲求行動 appetitive behavior と完

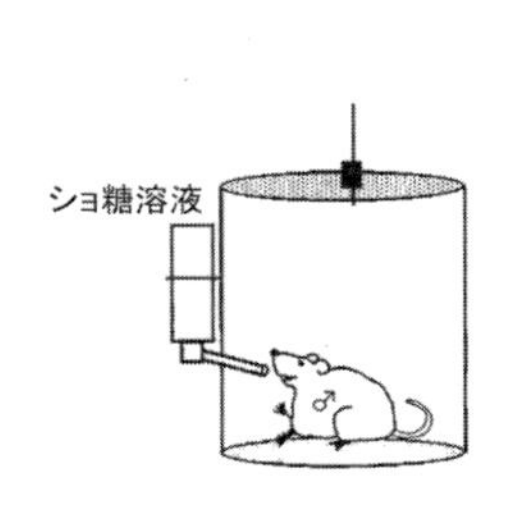

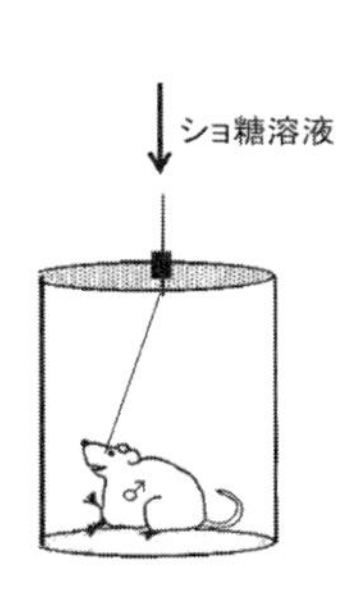

図30 給水瓶（B）および自動注入装置（IO）による ショ糖溶液の摂取行動

ラットにそれぞれ単独（B or IO）の提示と両方（B and IO）同時の提示を行うことにより、欲求行動と完了行動が観察される。

了行動 consummatory behaviorが見られ、前者は生体がある種の刺激（食物）を求めるための探索行動、後者は食欲を満たすための消費行動と説明されています。

要約すると、レプチンあるいはNPYをラットの脳室内に投与し、給水瓶 Bottle（B）と口腔内 Intraoral（IO）チューブ（自動的に一定時間に一定量が口腔内に注入）（図30）[34]からのショ糖溶液の摂取量について検討した結果、ショ糖溶液の摂取量は無処置対照群に比較して、Bのみの提示ではNPY投与群で増加、レプチン群で減少、IOのみの提示ではNPY群で減少、レプチン群で増加、BとIOの同時提示ではNPYでBの増加、IOの減少、レプチンでBの減少、IOの増加が観察され、同時にショ糖溶液摂取のためにBを訪れた回数と摂取量の間には正の相関関係が認められています[35]。つまり、NPYは食欲の促進に作用するのみならず、餌の探索行動の促進にも作用するペプチドホルモンであり、一方、レプチンは食欲の抑制に作用するのではなく、餌の探索行動の抑制に作用しているペプチドホルモンであることが推測されています。

⑦オレキシン Orexin

オレキシンは神経ペプチドのひとつで、摂食中枢であるLHAの神経細胞で産生され、マウスやラットの脳室内に投与すると摂食量が増加すること、また絶食によってオレキシンの発現が亢進することなどから、摂食行動の調節因子として注目を浴びています。オレキシンにはアミノ酸33個からなるオレキシンAと28個からなるオレキシンBが存在します[36]。

オレキシンは摂食調節のほか、睡眠と覚醒の調節にも作用しており、オレキシンの機能障害はナルコレプシーなどの過眠症に、機能亢進は不眠症などの病態と深くかかわっています。

オレキシン神経系とNPY神経系は相互にシナプスを形成し、摂食行動促進に関与していることが指摘されています[37]。

以上、食欲調節ペプチドホルモンの視床下部における作用について述べてきましたが、さらにボンベシン、ユーロコーティン（ウロコルチン）、CARTなどの食欲抑制作用、ガラニン、MCHなどの食欲促進作用が知られています。

最近、筑波大学（基礎医学系）の浦山修教授より面白い総説[38]が発表されました。その一部を紹介します。

ラットにTickling（くすぐり）刺激を繰り返し与えると、視床下部の食行動関連遺伝子（ガラニン、オレキシン、ニューロペプチドYなど）の発現が見られたこと、次いでTickling刺激を2週間継続し、無刺激群と比較したところ、Tickledラットは摂食量の増加を示したものの体重増加には差異が認められなかったことを述べています。つまり、Tickling効果はカロリーの蓄積を伴わない摂食行動であると示唆しています。

このように、ラットはTicklingという陽性ストレッサーにより快のストレス反応（「ストレスをめぐる生物学」アドスリー、参照）、つまり摂食行動の調節に関与していることは、非常に興味深いものです。

おわりに

ヒトを含めて動物は、空腹を感じたときに食欲が亢進して食物を摂取します。そして、満腹を感じたときに食欲が低下して摂食を止めます。この単純とも思える摂食の営みが、実は多種類のホルモンの相互バランスという複雑なしくみによって行われているのです。

最後に、肥満について見ておきましょう。

肥満とは、体内の脂肪組織に脂肪の量が異常に多く増えて腹腔や皮下に蓄積した状態です。脂肪組織の増大とは、摂取カロリーが消費エネルギーを上回ったときに過剰となったエネルギーが蓄えられた脂肪細胞の集団です。余剰のグルコースは脂肪酸に変化し、余剰の脂肪酸は中性脂肪として蓄積され、このことが肥満の原因になります（図31）。

ちなみに、消費エネルギーとは、生存に必要な生理作用（心臓の拍動、筋肉の収縮、呼吸など）を維持するための活動である『基礎代謝』、摂食したときに起こる『食事誘発

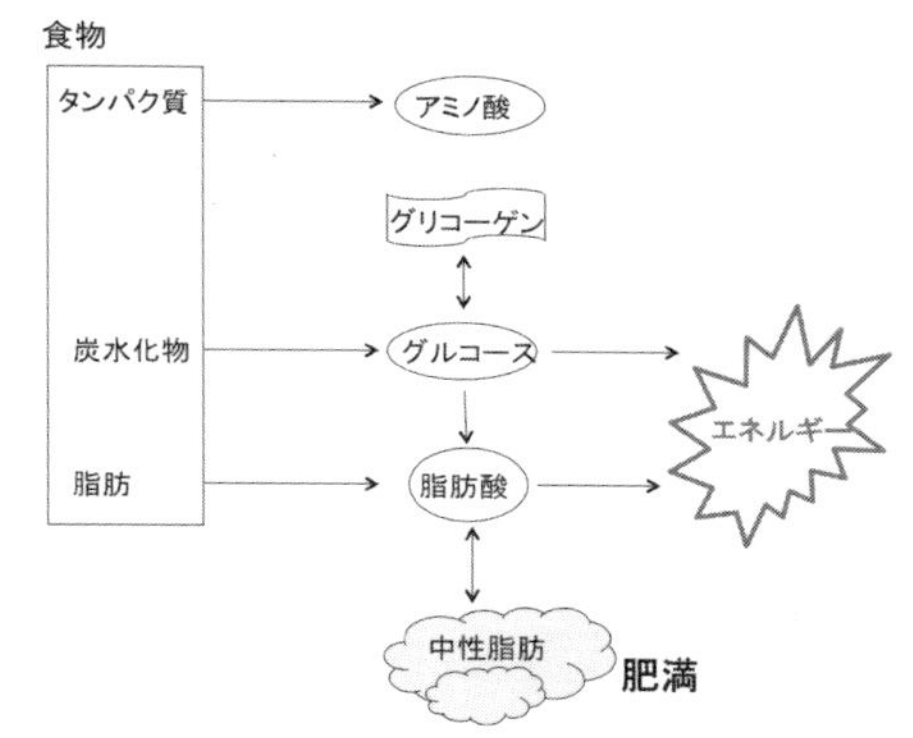

図31　生体全体のエネルギーの流れと肥満の関係

性産熱反応』、筋肉の動き（作業、運動）などの生理的活動に起因する『活動代謝』に使われるエネルギーのことです。

第2部で紹介したエネルギー摂取と消費の調節機構は、私たちが生きていくための、そして健康な食生活を送るための末梢と中枢神経との連係プレイです。ダイエットについて、いまいちど見つめ直していただく機会になれば幸いです。

参考文献

1 Fungfuang W, et al.: Lab. Anim. Res., 29: 168-173, 2013.
2 Fungfuang W, et al.: Lab. Anim. Res., 29: 1-6, 2013.
3 高橋和明ほか：実験動物技術，16: 95-102, 1981.
4 Saito TR, et al.: Reprod. Med. Biol., 4: 203-206, 2005.
5 斎藤徹：バイオメディカルリサーチマニュアル，養賢堂，信永利馬編：129-134, 1995.
6 Suzuki S, et al.: Scand. J. Lab. Anim. Sci., 29: 71-76, 2002.
7 斎藤徹ほか：実験動物，28: 405-407, 1979.
8 斎藤徹：ラボラトリーアニマル，4: 13-18, 1987.
9 斎藤正好ほか：実験動物，43: 747-754, 1995.
10 鎌田邦栄ほか：杏林医会誌，23: 3-12, 1992.
11 Saito TR, et al.: Exp. Anim., 40: 337-341, 1991.
12 Saito TR, et al.: Exp. Anim., 53: 445-451, 2004.
13 Hashimoto H, et al.: Exp. Anim., 59: 515-519, 2010.

14 Zhang Y, et al.: Nature, 372: 425-432, 1994.
15 Coleman DL: Diabetologia, 9: 294-298, 1973.
16 Hetherington AW, et al.: Am. J. Physiol., 136: 609-617, 1942.
17 Anand BK, et al.: Yale J Biol. Med., 24: 123-140, 1951.
18 Mayer J: Ann. NY Acad. Soi, 63: 15-43, 1955.
19 Kennedy GC: Brit. Med Bull., 22: 216-220, 1966.
20 Oomura Y: In Hunger Basic Mechanisms and Clinical Implications, Raven Press, ed by Novin D, et al.: 145-157, 1976.
21 Bednar I, et al.: J. Endocrinol., 4: 727-734, 1992.
22 Mamoun, H, et al.: Am. J. Physiol., 268: R520-R527, 1995.
23 Schwartz MW, et al.: Nature, 404: 661-671,2000.
24 Kojima M, et al.: Nature, 402: 656-660, 1999.
25 Nakazato M.: Nature, 409: 194-198, 2001.
26 Date Y, et al.: Cell Metab., 4: 323-331, 2006.
27 Suzuki M, et al.: Exp. Anim., 57: 485-488, 2008.

28 Niimi M, et al.: J. Neuroendocrinol., 11: 605-611, 1999.
29 Stephens TW, et al.: Nature, 377: 530-532, 1995.
30 Minokoshi Y, et al.: Diabetes, 48: 287, 1999.
31 Zarjevski N, et al.: Endocinology, 133: 1753-1758, 1993.
32 Marsh DJ, et al.: Nat. Med., 4: 718-721, 1998.
33 Valassi E, et al.: Nutr. Metab. Cardiovasc. Dis., 18: 158-168, 2008.
34 Gill H J, et al.: In Feeding and Drinking, Elsevier Press, ed by Toates FM, et al.:151-188, 1987.
35 Ammar AA, et al.: Am. J. Physiol. Regulatory Integrative Comp. Physiol., 278: R1627-R1633, 2000.
36 Sakurai T, et al.: Cell, 92: 573-585, 1998.
37 Horvath TL, et al.: J. Neurosci., 19: 1072-1087, 1999.
38 浦山修：医療保健学研究, 4: 61-66, 2013.

鈴木（すずき） 光行（みつゆき）……**東京栄養食糧専門学校　教員**

１９５８年東京都生まれ。東京理科大学理学部Ⅱ部化学科卒業。医科学博士（北里大学）。東京都消防庁、三菱化学ビーシーエル検査員を経て、２００８年４月より現職。専門は、臨床化学。

斎藤（さいとう） 徹（とおる）……**日本獣医生命科学大学名誉教授、早稲田大学人間科学学術院招聘講師**

１９４８年三重県生まれ。日本獣医畜産大学大学院獣医学研究科修士課程修了。獣医師。獣医学博士。財団法人残留農薬研究所毒性部室長、杏林大学医学部講師、日本獣医畜産大学獣医学部教授を経て、２０１４年４月より現職。日本アンドロロジー学会名誉会員、日本獣医学会評議員、日本実験動物医学会実験動物医学専門医、早稲田大学動物実験審査委員会専門委員、ＮＰＯ法人生命科学教育奨励協会副理事長。１９８３～86年、ＮＩＨ、シカゴ大学、１９９７～98年、カロリンスカ研究所に留学。専門は、行動神経内分泌学。現在、瀋陽薬科大学客員教授、内蒙古農業大学特聘教授、ＣＩＣ研究開発センター研究顧問などを兼務。著書に、「脳の性分化」（共著、裳華房）、「脳とホルモンの行動学」（共著、西村書店）、「母性と父性の人間科学」（共著、コロナ社）、「実験動物学」（共著、朝倉書店）、「実験動物の技術と応用（入門編、実践編）」（編集、アドスリー）、「猫の行動学」（監訳、インターズー）、「Prolactin」（共著、InTech）など。

ダイエットをめぐる生物学

2016年12月15日　初版発行
斎藤 徹　編著

発　行　株式会社アドスリー
〒164-0003　東京都中野区東中野4-27-37
TEL：03-5925-2840
FAX：03-5925-2913
E-mail：principal@adthree.com
URL：http://www.adthree.com

発　売　丸善出版株式会社
〒101-0051　東京都千代田区神田神保町2-17
神田神保町ビル6F
TEL：03-3512-3256
FAX：03-3512-3270
URL：http://pub.maruzen.co.jp/

印刷製本　日経印刷株式会社

ISBN978-4-904419-65-6 C1045

定価はカバーに表示してあります。
乱丁、落丁は送料当社負担にてお取り替えいたします。
お手数ですが、株式会社アドスリーまで現物をお送り下さい。